品成

阅读经典　品味成长

INSTRUCTION
CONTEXT
INPUT DATA
OUTPUT INDICATOR

ICDO

成为提问工程师

打造AI时代的超级个体

方军 柯洲 谭星星◎著

人民邮电出版社

北京

图书在版编目（CIP）数据

成为提问工程师 / 方军，柯洲，谭星星著. -- 北京：人民邮电出版社，2024.1
ISBN 978-7-115-63492-4

Ⅰ. ①成… Ⅱ. ①方… ②柯… ③谭… Ⅲ. ①人工智能 Ⅳ. ①TP18

中国国家版本馆CIP数据核字（2023）第238942号

◆ 著　　　方　军　柯　洲　谭星星
责任编辑　马晓娜
责任印制　陈　犇

◆ 人民邮电出版社出版发行　　北京市丰台区成寿寺路11号
邮编 100164　　电子邮件 315@ptpress.com.cn
网址 https://www.ptpress.com.cn
三河市中晟雅豪印务有限公司印刷

◆ 开本：880×1230　1/32
印张：7.25　　　　　　　　　2024 年 1 月第 1 版
字数：141 千字　　　　　　　2024 年 1 月河北第 1 次印刷

定价：69.80 元

读者服务热线：（010）81055671　印装质量热线：（010）81055316
反盗版热线：（010）81055315
广告经营许可证：京东市监广登字 20170147 号

成为 AI 时代的超级个体

假如 AI 能够做得比你更好，你应该怎么办？

从 2022 年底开始，生成式 AI 与大模型的能力变成一个个简单易用的产品呈现在我们面前。人工神经网络模型的参数凝聚着人类的大部分知识与能力，一场"让知识触手可及"的新技术变革正在影响每一个人。"计算触手可及""信息触手可及"两次数字化变革已经告诉我们，逃避机器或战胜机器是不可能的，我们只能尽早加入新潮流，与机器共舞。

这里并非要渲染 AI 的危险，"机器霸主将统治人类"这样让人心生恐惧的画面并不是真的。我的看法是：AI 给我们带来的将是最好的时代。如果能够调用大模型中的知识与技能，我们每个人都有可能变得强大无比；如果掌握与大模型交互的方式，即通过提示语向模型提出要求，那么就能让它的知识与能力为我们所用。在 AI 时代，人类将再次腾飞。

我们需要做的是用提问来调用大模型的智能。对每个个体来说，大模型的智能是学习工具，我们可以用它加快学习；大模型的智能是提高生产率的工具，我们可以用它提升工作效率；大模型的智能更是生产工具，我们可以用它直接产出内容。

在 AI 时代，每个人的新位置在哪里取决于个人现在如何行动。AI 给每个人带来的改变按沃顿商学院教授伊桑·莫利克（Ethan Mollick）所说的有三种可能：AI 是技能平衡器，让普通人也有较好的能力；AI 是技能加速器，让所有人不同程度地变得更强；AI 是王者制造器，可以成倍地提升优秀个体的能力。对我们每个人来说，要尽力让第三种成为现实：精通向 AI 提问的能力，让 AI 帮我们成为超级个体。也就是说，每个人都应该成为善于运用大模型智能的提问工程师。

在我们看来，向 AI 提问有八个重要原则：

· 原则之一：理解"生成的本质"是文本模式的预测。

· 原则之二：警惕大模型的"幻觉"，始终对回答进行事实核查。

· 原则之三：向 AI 提问时，采用 ICDO 等结构化提示语。

· 原则之四：理解模型能从提示语中直接学习，并在提问时提供上下文。

· 原则之五：让模型进行"链式思考"，采用"慢思考"模式。

· 原则之六：提问时，将复杂的任务分解成更简单的子任务，再让 AI 处理。

· 原则之七：用模型能理解的格式输入信息。

· 原则之八：坐稳"主驾驶位"，与机器共舞。

有人认为，学习向 AI 提问或所谓的提问工程就是简单地学习大模型这种工具的使用，因而，这是一种很浅显的技能。这其实是关于如何运用大模型智能的一种典型误解。最初接触时，提问工程的主要任务确实是掌握如何调用大模型的知识与技能，但很快就会发现，模型的能力固然强大，可当要在一个具体的领域运用它时，还需要自己掌握这个领域的知识框架。这才是向 AI 提问的真正难点，也是每个人要持续在实践中学习与练习的。

在推动这本书创作的过程中，本书的策划——出版人袁璐恰好展现了杰出的提问工程师的两种特质：第一，提出好问题，他提出一个问题，然后由我们三位作者与大模型一起给出解答；第二，了解知识框架，他带着"以图书作为知识传递的载体"这一框架推进这本书的创作与出版。在 AI 时代，人与大模型共舞的过程是，杰出的提问工程师提出问题→用框架指导机器去干活→拿到结果。

最后，还有一个问题待解答。我们掌握了向 AI 提问的能力、能够轻松调用大模型智能拿到结果，那我们以后就不用做任何其他事情了吗？并非如此。我们依然是人机共舞的主角：我们需要知道向哪儿走，即知道目标是什么。我们需要有直觉判断力（判断答案可能是什么）、理性判别力（判断答案正误）、鉴赏力（判断是否还有更好的答案）。最终，享受成果和承担责任的，是我们人类自己，而非机器。因此在这里，我尝试给出一个成为 AI 时代超级个体的公式：

AI 时代的超级个体 =（目标 + 认知 + 责任）× 提问的能力。

目录

1

理解 GPT

答 案 终 止 想 象 ， 提 问 驱 动 思 考 。

2022 年 11 月 30 日，OpenAI 公司通过一篇博客向大众推出了名为 ChatGPT 的 AI 聊天机器人。人们登录 OpenAI 官网，向 ChatGPT 提出问题，就能获得答案。OpenAI 公司这样介绍自己的新产品："我们训练了一个名为 ChatGPT 的 AI 模型，你可以通过对话的方式与它交互，它能够回答后续的问题、修正之前回答中的错误、质疑不正确的前提条件以及拒绝不当的请求。"介绍中所说的 AI 模型指的是采用深度学习技术的人工神经网络，OpenAI 公司称之为 GPT。

ChatGPT 聊天机器人一经推出，立刻成为互联网用户追捧的热门产品。2022 年 12 月 5 日，OpenAI 公司创始人山姆·奥特曼（Sam Altman）发布了一条推特（Twitter）："今天，ChatGPT 的用户数量超过了 100 万。"OpenAI 的早期投资者、联合创始人之一埃隆·马斯克（Elon Musk）在这条推特下面提问："生成每条聊天的平均成本是多少？"奥特曼回答："生成每条聊天的成本大约是几美分。我们还在想办法更精确地计算和优化生成聊天的成本。"

此时，人们已经注意到 ChatGPT 是一个令人惊讶的产品：它是有史以来达到百万用户用时最短的互联网产品，创造了 5 天达到百万用户的全新纪录。此前，极具"病毒传播效应"的图片社交应用照片墙（Instagram）达到百万用户规模耗时 2.5 个月，脸书（Facebook）耗时 10 个月，推特（Twitter）耗时 2 年（如图 1-1 所示）。此后，ChatGPT 的发展更是势不可挡。上线 2 个月后，即 2023 年 2 月 1 日，各大媒体纷纷引述数据并进行分析报道："2023 年 1 月，ChatGPT 的月活跃用户数达到了 1 亿，再次创造了纪录。"

ChatGPT 为何能够快速地吸引如此多的用户呢？它为何能够引发新一轮 AI 浪潮？人们为何认为它将引爆全新的互联网变革与知识变革？

使用新的 AI 工具的人已经深刻感受到，这一轮 AI 浪潮与之前的不太一样。2016 年，谷歌公司的围棋 AI 程序阿尔法狗（AlphaGo）战胜了人类围棋世界冠军。虽然人们惊叹于 AI 能够进行如此复杂的思考，但是这项技术并没有马上变成每个人可用的产品。而这一次 ChatGPT 引发的 AI 浪潮

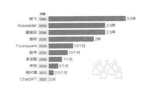

图 1-1　各大互联网产品达到百万用户的时间

中，各种各样的 AI 模型和产品"喷涌"而出，在搜索引擎、办公软件、在线教育平台等日常应用中，我们随处都可以直接体验到 AI 提供的新功能。

面对新浪潮，我们关心的不再只是过去那种过于宏大的问题。比如，如果机器会思考，人类的命运将会如何发展？现在，我们所关心的问题还与自身紧密相关：别人在用这些新推出的 AI 工具做什么？我们如何快速掌握和熟练运用这些新技术？一些危言耸听的媒体报道甚至让人们陷入对未来的担忧：我会被 AI 取代吗？其实，你不会被 AI 取代，而会被熟练运用 AI 的人取代。

本书试图回答一个非常具体的问题：在快速了解这一轮生成式 AI 新技术的原理、能力以及局限性之后，我们如何掌握这些必备的新技能？如何向 AI 提问才能得到自己想要的答案？

第一节　GPT 为何火爆？它能做什么？

截至本章写作之时，AI 聊天机器人 ChatGPT 仍是一款研究性预览版产品。数以亿计的用户明知它不是一个正式版产品，但仍然迫不及待地想要使用它。类似的技术和产品也吸引了非常多的用户，比如下列这些由大型科技公司推出的产品：微软的搜索引擎必应（Bing）推出的新必应聊天、谷歌推出的 Bard 聊天机器人、百度推出的文心一言大语言模型、阿里巴巴在钉钉中推出的通义千问模型、笔记软件 Notion 和办公软件金山文档（WPS）推出的 AI 功能等。

　　问答或对话是普通用户与这一轮新 AI 产品的典型交互方式。这类产品都是将用户提出的问题交给背后的大语言模型去处理，然后生成相应的内容再反馈给用户。在本书中，我们将各类 AI 产品背后的模型称为"大语言模型"，而在讨论特定 AI 产品时，我们会用一个更为普及的词——GPT，来指代其背后的模型。GPT 是 OpenAI 于 2018 年推出的第一代模型的缩写，意思是"生成式预训练转换器"（Generative Pre-trained Transformer）。

　　下面以 ChatGPT 聊天机器人为例，来看看我们可以用它做什么。它的界面是一个聊天对话框，我们既可以与它问答（即一问一答），也可以与它开展多轮对话。我们可以用日常的语言（自然语言）与它对话，提出问题或提出要求，它会以文字的形式回答我们。

　　ChatGPT 擅长很多事，它能完成很多我们曾经认为需要经过良好的教育和长期的训练才能做好的知识型任务，比如以下六类事务。

- 语言翻译：ChatGPT 精通多种语言，而且可以按要求完成各语种的翻译任务。
- 摘要总结：ChatGPT 能够理解长篇的文字并撰写出摘要，也可以根据会议的录音整理出会议记录。
- 辅助写作：ChatGPT 能够根据修改要求（如修正语法、改变文风）来修改一篇文章，且修改后的文字质量超过大多数普通人的写作水平。

- 数学解题：ChatGPT 能够解答数学题，并能给出解题过程和最终结果，它的数学能力相当强。

- 编写程序：ChatGPT 能够编写一段实现某个功能的程序。它既能够按照我们的要求，用规定的编程语言编写一段程序，也能够解释我们发给它的一段程序代码。

- 数据分析：ChatGPT 能够从文档中提取数据并进行分析。它能够对一家上市公司的财报数据进行总结和分析，并以文字的方式呈现。

当我们与 ChatGPT 进行多轮对话时，就像在与一个人聊天。如果发现它答错了，或者给出我们不想要的答案，就可以纠正它。这种情况下，它会立刻认错，并迅速调整，输出新的回答。

能够进行多轮对话这一重要的特点使得 ChatGPT 变得更加实用。因为它不一定能在一开始就完美地满足我们提出的要求，但是我们可以以多轮对话的方式为它补充信息、纠正错漏、完善要求，以"训练"它给出符合我们预期的回答。

这种交互方式很像我们在日常工作中与他人沟通交流的方式。比如，我请一位同事帮忙做某事，一开始，或许是我提出的要求不够精确，又或许同事没能理解我的要求，他给出的反馈不符合我的期待。然后我会想办法完善自己的要求，并提供更多更具体的参考案例和相关资料。几轮沟通过后，他给出的结果将渐趋完美。ChatGPT 采用的问答与对话模式使得普通人也能够用上其背后的 AI 模型。

简言之，ChatGPT 让我们感到惊艳的能力主要有三个。

- 它能够理解普通人说的话，并用普通人能理解的话给出回答，也就是能够理解自然语言、生成自然语言。
- 它拥有各种各样的专业技能，如翻译、摘要、写作、算术、编程、分析等。
- 它可以进行多轮对话，这让我们可以更好地使用它完成一些复杂的任务。

GPT 能够理解我们的要求，并用我们能理解的语言给出回答。生成式 AI 模型在经过训练后不仅能够理解我们的语言，还拥有足够的知识储备，能够进行分析和推理。

GPT 能为我们做什么

ChatGPT 能为我们做什么？ OpenAI 的官网展示了众多使用示例。比如，从一段文本中提取关键字、根据产品说明生成广告文案、生成会议记录、提取文章摘要、创建面试问题等。

给这些功能按类别进行分类，ChatGPT 能够完成的文字相关任务包括问答、分类、编程、对话、生成、翻译和转换等。

各家公司可以基于 GPT 模型进行功能定制，为用户提供服务，比如一些社交问答网站就提供了多种聊天机器人服务。当我们询问其中一个聊天机器人时，它这样介绍模型的原理与使用场景[1]：

GPT 是一种基于深度学习算法的大语言模型，它使用无监督学习来训练神经网络处理大量的文本数据。通过这样的训练，模型能够理解自然语言的模式和结构，并能根据提示生成连贯和有意义的文本。

GPT 可以用于各种场景，例如回答问题、提供建议、生成文本，甚至执行翻译或提取摘要等。以下是一些特定的语言模型使用案例。

- 聊天机器人：GPT 非常适合用于聊天机器人和虚拟助手。它能理解用户输入的内容并生成适当的回复，可以实现客户服务自动化、提供信息，甚至为用户提供娱乐。

- 内容生成：GPT 生成连贯和有意义文本的能力使其成为有价值的内容生成工具。例如，GPT 可以用于生成新闻文章、产品描述或创意写作等。

- 语言翻译：由于 GPT 掌握多种语言，因此可以将文本从一种语言翻译成另一种语言。这项能力对于那些需要与世界各地的人进行交流的企业或个人尤其有用。

- 文章摘要：GPT 可以提取长文本或文章的要点，生成摘要，

---

1. 2023 年 5 月 20 日，通过询问基于 OpenAI GPT-3.5 的聊天机器人获得，并由其协助翻译成中文，在不改变原义的情况下有些微调。

帮助人们快速了解主要观点而无须阅读整个文本。

- 个性化对话：通过分析用户之前的交互内容和偏好，GPT 可以为该用户提供个性化内容或建议。这项能力对于希望为客户提供个性化体验的企业非常有用。

- 资料研究：由于 GPT 理解和生成文本的能力较强，因此可以帮助研究人员撰写摘要和分析大量数据。例如，可以将其用于分析科学论文或社交媒体网站上的大量帖子，以识别模式或预测趋势。

大语言模型的能力

大语言模型在完成预训练之后，研发人员通常会从语言生成、知识利用、复杂推理这三个方面来测试其基础能力，并进行一些高级能力评估。从表 1-1 中可以看到，研发人员试图让大语言模型拥有何种能力。

表 1-1　大语言模型的能力

类别	子类别	说明
语言生成	语言建模	基于前面的词元预测下一个词元，主要关注基本的语言理解能力和生成能力
	条件文本生成	通常包括机器翻译、文本摘要和问答系统等
	代码合成	生成满足特定条件的计算机程序（即代码）
知识利用	闭卷问答	测试大语言模型从预训练语料库中获取的事实性知识
	开卷问答	可以从外部知识库或文档集合中提取有用的证据，然后基于提取的证据回答问题
	知识补全	可以粗略地分为知识图谱补全任务和事实补全任务

类别	子类别	说明
复杂推理	知识推理	基于事实性知识的逻辑关系和证据来回答给定的问题
	符号推理	在形式化规则设置中操作符号以实现某些特定目标
	数学推理	综合运用数学知识、逻辑和计算来解决问题或生成证明过程
高级能力评估	人类对齐	评估模型能否很好地符合人类的价值和需求，通常包含有益性、诚实性和安全性
	与外部环境互动	从外部环境接收反馈并根据行为指令执行操作的能力
	工具操作	选择适用的外部工具，封装可用工具的 API 并进行调用

资料来源:《大语言模型调研》，2023 年。

大语言模型产品中，OpenAI 公司的 ChatGPT 最为成功，但它并不是唯一的一个。除此之外，Anthropic 公司推出了模型和聊天机器人 Claude 应用，而问答社区 Quora 推出的 Poe 聊天机器人也支持多种模型。另外还涌现了多个繁荣的开源模型社区，如 Facebook 母公司 Meta 公司推出的 LLaMA（羊驼）开源语言模型、清华大学开源的 ChatGLM 等。

微软、谷歌、百度分别推出了自己的模型及聊天机器人（见表 1-2），但与 ChatGPT 这种仅基于大语言模型来给出作答不同，它们的聊天机器人均与搜索紧密结合。

表 1-2　由互联网公司推出的聊天机器人不完全列表

公司	产品 / 模型
OpenAI	ChatGPT
Anthropic	Claude
微软	Bing
谷歌	Bard
百度	文心一言
Quora	Poe
科大讯飞	讯飞星火
阿里云	通义千问

获得较多用户认可的基于大语言模型的 AI 产品除了聊天机器人这种形式之外，还有笔记软件 Notion 推出的 AI 助理功能 Notion AI，其用了大约 4 个月的时间获得了 400 万付费用户。Notion 不仅是当下流行的学习笔记工具，也是很多公司的办公协同工具。我们使用它的 AI 助理功能，只要像日常写笔记时一样输入斜杠符号"/"，就可以召唤出 AI 助理帮助我们撰写笔记文档。根据 Notion 的调研结果，用户用得最多的几个场景分别是头脑风暴、任务清单以及编写大纲，而用户觉得最有用的功能是语法修改和撰写文章概要。

目前，各家互联网科技公司都在尝试将 AI 的聊天功能或助手功能集成到已有产品上。比如，微软将其集成到了自己的办公软件中，新推出了名为 Copilot（领航员）的 AI 助理。我们可以用文字跟它交流，这个强大的助理能够按我们的要求处理演示文稿（Power Point，PPT），或者用工作表（Excel）的数据生成图表。微软最近还将该功能直接引入操作系统中，推出了视窗领航员的功能，用户可以与它对话。

OpenAI 在发布 GPT-4 时，在官网展示了其与一些产业和应用相结合的案例[1]。其中值得关注的教育应用有"多邻国"（语言学习 App）和"可汗学院"（在线教育网站），它们都有利用 AI 模型开发的智能助理。智能助理可以成为用户的"一对一"导师，帮助用户更好地学习。另外，很多开源技术项目的网站推出了技术文档对话功能，程序员除了可以阅读技术文档，还可以针对文档内容进行提问。

目前，普通用户能够直接使用的 GPT 应用主要包含以下形式：通用聊天机器人助理、搜索引擎聊天机器人助理、应用软件助理、应用网站助理。当前 GPT 领域的发展

当前 GPT 产品的形式

- 通用聊天机器人助理
- 搜索引擎聊天机器人助理
- 应用软件助理
- 应用网站助理

---

1. OpenAI 的 GPT-4 页面上展示了其与多个领域的结合，包括多邻国（语言学习 App）、Stripe（支付）、摩根士丹利（金融）、可汗学院（在线教育网站）等。

呈现杠铃式形态：一端是能力快速提升的各类大语言模型，另一端是主要以问答或助理的形式呈现，并使每个人都可以使用的应用。相信未来会发展出更多的应用形式，而不仅仅是问答与助理这样的方式。

值得注意的是，目前这种转化为聊天机器人或应用助理的能力只是大语言模型能力的一小部分，很多专业的应用仍然需要通过应用程序接口（Application Programming Interface，API）直接调用模型能力，进行多轮复杂的操作，甚至可能需要有人工参与才能完成任务。举一个例子，如果我们要将一本书由中文翻译成英文，首先需要将书拆成模型能够处理的多个片段，其次要附上词汇表所用的模型，才能进行翻译，最后可能还要多次调用其他模型，对内容进行语法检查和语言润色等。

当我们尝试使用各种 AI 聊天机器人或助理功能，特别是把它们应用在自己的工作中时，也会发现它们有一些不足之处。比如，有人会把 ChatGPT 当作搜索引擎用，查询最新的信息，但很快就会发现它并不知道最新的信息，它所知道的信息截止于某个时间。更糟糕的是，有时它会给出完全错误的信息，而且是用非常"自信"的方式来表达这些信息。它甚至还会凭空编造一些信息，就像有人喝醉酒后胡言乱语一样，可是它给出的回答又极有条理，让人难以辨别。我们如果轻信这些信息并加以使用，就会造成很多麻烦。后面的章节会专门讨论这个话题。但总的来说，如果能够聪明地避开它们的缺点，用其所长，这些 AI 工具就可以在很多方面提供帮助。

第二节　GPT 拥有什么能力？为何拥有这些能力？

尝试使用各种基于 GPT 模型的新 AI 工具后，我们会发现它们拥有各种让人惊奇的能力，比如写作、编程、逻辑推理等。我们很容易产生一些疑问：GPT 究竟拥有什么能力？它为何拥有这些能力？我们越想用好它，就越有必要弄清这些问题。

GPT 拥有一定的能力与专业知识，但不擅长处理信息、易产生"幻觉"。

GPT 的能力

一般来说，我们可以认为经过训练的 GPT 模型拥有以下这几种能力：语言理解能力，它能够理解用人类自然语言提出的要求和提供的信息；文本生成能力，它能够根据我们的需要生成文本，比如续写文章、撰写摘要、回答问题；逻辑推理能力，它能够进行演绎、归纳等推理操作；数学能力，它能够理解数学原理、数学公式，并解答数学问题；多语言能力，它不仅掌握了多种语言，而且能够在多种语言之间进行翻译；编程能力，它能够理解用编程语言撰写的代码，而且能够按我们的要求编写新代码。简言之，它不仅拥有语言、数学、推理能力，而且掌握一些专业领域的知识。我们通过提问的方式来调用它的这些能力与知识。

同时，我们也都已经意识到，GPT 的能力有其独特的局限性。它似乎并不拥有一些我们本以为作为一种计算机系统必然拥有的能力。具体来说就是，当我们搜索时，计算机系统会进行检索并给出数据库中或互联网上已存储的信息，但是，想要让 GPT 不加改动地给出一句引文却不是一件容易的事。它似乎知道这句话，但并不能给出精确的引文。这还不是最糟的，更糟的情况是，它可能给出的是自己编造的引文，这就是生成式 AI 模型的"幻觉"（hallucination）问题。为了让对话进行下去，它产生了"幻觉"，然后给出了虚假的、自己编造的回答。

回到最初，GPT 模型所做的实际上是"文本补全"的工作，即根据前面给出的话，补全后面的话——通俗地说就是，我们说一个开头，它接着把这些话说下去。再往前追溯就是 Transformer 架构，其最初用于机器翻译，将一种语言转换为另一种语言，即根据源语言的语义和目标语言的词汇概率补全句子的下一个词。后来，这个架构逐渐用于完成更一般性的生成任务，比如续写文章。

那么，GPT 模型又是怎么知道后面应该补全什么内容呢？它实际上是一个"内容词预测器"软件，它所做的是根据前面的词和概率预测下一个词。它一个词、一个词地补全下去，就"写"出了给我们的回答。

那么，接下来的问题是，GPT 模型又是怎么预测下一个词的呢？简单地说就是，它"看"了极其多的文本资料；通俗地说就是，研究人员用巨量的文本训练了这个模型。它可以根据前面的词，计算出后面的词出现的概率，然后把概率最高的词作为下一个词。对此，史蒂芬·沃尔弗拉姆（Stephen Wolfram）举例说，根据前面一段话，模型预测后面的 5 个单词依次是（按概率排序）：learn、predict、make、understand、do。那么，GPT 模型就会把 learn 作为下一个词。之后，它又接着预测下一个词。

实际上，我们可以通过调整"温度"（temperature）指标来调整选择下一个词的概率。所谓的"温度"指的是体现随机性的指标，"温度"越低，随机性越低。模型总是选择概率最高的词，这时，你可能会觉得它比较"古板"；"温度"提高，随机性增高，模型会在一组词中随机选择下一词，从而每次产生的结果会有很大的差异，这时，你又会觉得它比较有创意。

接下来的问题是，GPT 模型如何判断下一个单词出现的概率是多少呢？多层人工神经网络中的参数或权重（parameters/weight）决定了下一个词出现的概率，这些参数是通过用超大数量的文本对人工神经网络进行训练而调整到位的。这也是 GPT 中"P"的含义——对人工神经网络进行预训练（pre-trained），让它掌握预测下一个词所需要的参数。GPT-3.5 拥有 1750 亿个参数。

随着训练所用的文本资料和参数数量的增加，GPT 模型预测下一个词的核心能力越来越强。它似乎也有了语言能力、掌握了知识、学会了推理，这颇有点像人类的成长，当孩子逐渐学会了说话之后，他学习了知识，后来又能够进行推理了。GPT 模型的演进方式是：当加大训练的文本数量后，它的知识与能力会得到大幅度提升。那么，怎么让它的能力为我们所用呢？至此，本书的主角——提示语（prompt）的重要性一下子就凸显出来了。

一般来说，我们会给 GPT 一段提示语（如一段需要翻译的文字、一段需要续写的文字、一段需要它总结的长文），然后让它根据我们的提示语补全下去。不过，既然它已经拥有了语言能力、推理能力、生成能力，那么我们何不将提示语转变为提问（请回答……）或转变为命令（请帮我做……）呢？

我们将向 GPT 模型输入的请求称为提示语，它是使用 GPT 模型所拥有的知识与能力的接口。如图 1-2 所示，我们可以通过在搜索引擎上搜索关键词来获取和使用海量的信息（如谷歌和百度所做的）和服务（如亚马逊、淘宝、美团所做的）。现在，我们可以通过提示语来使用 AI 模型所掌握的知识与能力。

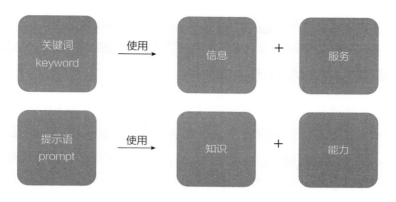

图 1-2 "提示语"是使用 AI 模型知识与能力的接口

很多人是在应用 ChatGPT 等生成式 AI 产品时,才第一次注意到 prompt 这个词。它的中文释义之一是为防止演员忘词而准备的提示词。在 2007 年出版的《提问指南》(*Make Questions Work*)一书中,作者用 prompt 一词来表示用以获取想要的回答或更多信息的进一步的问题。现在,prompt 有了新的含义:在使用各种生成式 AI 模型时,为了引导它给出理想的回答而给出的提示语。

目前,我们通常会向两种生成式 AI 模型输入提示语。一种是 GPT 等大语言模型,让它们根据提示语回答问题或响应请求;另一种是由文本生成图像的绘图模型,如 OpenAI 的 DALL-E、Stability 公司的静态扩散(Stable Diffusion)开源模型、中途(Midjourney)图片制作软件等。对于后者,由于提示语的微妙变化会带来图片的巨大变化,因此有人也把提示语戏称为"咒语",把根据提示语绘图说成是"用咒语吟诵出魔法般的画作"。

下面让我们聚焦于使用 GPT 等大语言模型时用到的提示语。提示语几乎是调用 GPT 等大语言模型的知识与能力的唯一途径。下面我尽量用通俗的方式解释其实现原理。

如前所述，大语言模型实际上是一个经过训练的概率模型，它所做的事情可以看成是预测下一个词。它一个词接一个词地预测，从而组成完整的句子、段落或文章。如果它要完成的是翻译任务，那么下一个词的概率预测是较为简单的，与原文进行对照翻译即可。但是，如果它要完成的是生成型的任务，比如让它续写一段话，或者让它回答我们的提问，下一个词的概率预测难度就大大增加了。

提示语的作用是引导模型更好地计算出下一个词。沈国阳曾经在一篇文章中对提示语的本质做了很好的阐述："调整和优化文章中前 m 个元素的值，这些元素通常包括任务描述、上下文信息等，使大语言模型能在给定任务的场景下生成概率更高、更符合预期的结果。"

提示语实际上是我们写了一个文本模式，然后让 GPT 按照当前模式写下去，这就是为什么我们写的话会对它产生微妙的影响。我们写得很随意，它就很随意；我们写得很正式，它就回答得很正式。简言之，如果我们给出合适的提示语，包括明确的动作指令（如写一篇文章）、恰当的参考内容（如关于春天的）等，模型将能更好地决定下一个词，从而最终生成符合我们预期的回答。

实际上，我们可以通过提示语将通用的大语言模型转化为聊天机器人，谷歌 Deepmind[1] 和人工智能公司 Athropic 在论文中都提到了这个技巧。Athropic 的提示语示例展示了如何用长达 6000 个标记符的提示语让模型具有聊天功能。它是这样开头的："以下是各种人与 AI 助手之间的对话。AI 助手试图为人们提供帮助，它表现得礼貌、诚实、成熟、有情感感知、谦虚而博学。该助手乐于帮助人们完成任何事情，并将尽力理解客户需要什么。同时它也在尽力避免提供错误的或具有误导性的信息，并在不确定答案是否正确时提示警告信息……"

用提示语激发 AI 的潜能

提示语是调用 GPT 知识与能力的接口。我们通过向 GPT 输入提示语、激发并调用 GPT 经过预训练和微调的知识与能力，来让 AI 回答我们的提问、完成我们的请求。

实际上，OpenAI 对 GPT 的数次版本迭代在某种程度上也均与提示语有关。GPT-1 论文的标题是《通过生成式预训练提升语言理解能力》(*Improving Language Understanding by Generative Pre-Training*)，文中提出了通过预训练转换器实现语言理解和文本生成的方法。GPT-2 论文的标题是《语言模型是无监督的多任务学习器》(*Language Models Are Unsupervised Multitask Learners*)，文中明确引入了用提示语调动模型能力

---

1. Deepmind 是谷歌旗下的前沿人工智能企业。

的方法。GPT-3 论文的标题是《双向语言模型是少样本学习器 》（*Bidirectional Language Models Are Also Few-shot Learners*），所谓少样本是指我们可以在提示语中加入少量样本范例，以引导模型更准确地回答类似问题（稍后我们会专门举例说明少样本的做法）。InstructGPT（相当于 GPT-3.5，也是 ChatGPT 采用的主要模型）的论文标题是《训练语言模型以遵从人类指令》（*Training Language Models to Follow Instructions with Human Feedback*），其中用来训练的指令可以看成是提示语与人类认为的理想结果的组合。由此可以看到，每一次的技术迭代都是为了让模型能够更好地响应提示语，给出回答。

简言之，好的提示语对应着好的结果；糟糕的提示语对应着糟糕的结果；错误的提示语对应着错误的结果。学会向 GPT 提问，就是学会输入有效的提示语。

下面我们从另一个角度来解析一下提示语与模型的关系。现在我们使用的大语言模型都是在预训练的基础上，经过指令微调（instruction fine-tune）的方式优化过的模型，这能让模型更好地理解和回答与指令相关的问题。Facebook 的母公司 Meta 提供了一个开源的大语言模型 LLaMA（羊驼）。2023 年初，斯坦福大学团队在其基础上做出改进，制作出了模型 Alpaca（小羊驼），据称其效果接近于 ChatGPT。

Alpaca 针对图 1-3 所示的各种指令任务进行了优化。下面就来看看这些指令任务具体是什么？

图 1-3 指令动词与具体内容

图 1-3 中的内圈是关于指令的动词，外圈是相关指令的具体内容。比如，内圈的一个指令动词是创建（create），而与之对应的外圈内容是故事（story）、句子（sentence）、诗歌（poem）、列表（list）。也就是说，它被训练来创作一个故事、写一个句子、写一首诗歌、创建一个列表。

又比如，内圈的另一个指令动词是描述（describe），与外圈对应的内容结合起来则是：描述过程、描述差别、描述影响、描述收益。

我们可以这么理解：首先，这些模型经过大量的学习（即预训练），掌握了基本的知识与能力；其次，它们可能会针对专业领域的内容进行再训练（比如，OpenAI 就曾经用代码训练模型，使其具有编程能力）；最后，会根据相关指令对它们进行微调训练，以使其能够更好地完成与这些指令相关的任务。

因此，表面上我们与之交互的是一个聊天机器人或软件助理，其实在幕后发挥作用的则是一个个经过训练的模型。它们经过训练后，具备了通用能力、各领域专业能力以及完成特定任务的能力。当我们向它们提出要求时，它们能够运用自己的这些能力来回应我们。我们使用这些能力靠的就是有效的提示语。

结构化提示语：ICDO——我明白了，马上执行！

要使用 AI 模型的知识与能力，我们需要输入有效的提示语。截至目前，我们得到的经验是：应该向 AI 输入结构化的提示语。这里，我们将结构化的提示语命名为"ICDO"。我们可以这么理解，当我们向 AI 输入提示语后，AI 会给出回应："I see, do!（我明白了，马上执行！）"

向 GPT 提问的方式是：我们输入提示语，它输出回答。当然，提示语并不只是"你帮我翻译这句话""你帮我整理会议记录"这么简单。我们需要对它的组成要素进行深度拆解，从而掌握提出优秀问题的技能，以获得高质量的回答。通常来讲，提示语可拆解为以下四个部分：指令、上下文、输入数据、输出要求。"ICDO"是结构化提示语四个组成部分的英文首字母：指令（instruction）、上下文（context）、输入数据（input data）、输出要求（output indicator）（如图 1-4 所示）。它由埃尔维斯·萨拉维亚（Elvis

图 1-4　结构化提示语 "ICDO" 框架

Saravia）等人总结而来，我们在此基础上做了以下两项优化：将它命名为 "ICDO" 以及将它进一步结构化。埃尔维斯等人总结的 "ICDO" 原本是为用编程接口访问 GPT 的程序员准备的，但现在它也适用于所有想要高效使用 AI 的人。

　　我们向 GPT 输入的提示语通常由以下四个部分组成，通常情况下，我们应按照如下的顺序输入，这里列举并解读一个简单的示例。

■　指令（instruction）：你想让 GPT 执行的特定任务。

> "你的任务是将中文翻译成英文。"

■　上下文（context）：额外的上下文或背景信息，以引导 GPT 更好地做出响应。

> "请按此词汇表将这些专有名词进行翻译。"

- 输入数据（input data）：用户实际输入的内容。

"需要翻译的句子是：天空是蓝色的。"

- 输出要求（output indicator）：指定输出的类型、格式等。

"译文是：The sky is blue."

我们应该按照以上四个部分的顺序来组织自己的提示语。如果将 GPT 看作一个人，那么我们在给它布置一个任务时与我们请一个人帮忙完成任务时的交互方式是一样的：首先说明任务，给出背景信息，然后提供任务的具体信息，最后提出对于结果的明确要求。

GPT 也像人一样，越靠后的信息它记得越清楚。如果你先给出具体任务，再说明背景信息，它可能会混淆具体任务与背景信息。我们提问的目的是要得到结果，因此对于结果的要求应放在最后。同时，有一个被一再验证有效的向 GPT 提问的技巧是，在提示语的开头描述指令（你的任务是将中文翻译成英文），最后再以某种方式重复指令（翻译是：）；这会让 GPT 更容易清晰地理解和执行我们的要求。

使用 GPT 一段时间后，你可能会发现，有一个使用障碍是记不住顺序。但将它缩写为"ICDO"之后，我们再也不用为此发愁了。每个人都可以按照这样的结构化提示语来进行提问，获得更理想的回答。

当然，在实践中我们可能已经注意到，并不是每次提问都要包含这四大要素，有时可以酌情省略。这一点也跟我们人类之间的交流相似，有些话无须赘述。

要想让 GPT 高效发挥它的能力，我们往往要编写更复杂的提示语。这时，结构化提示语"ICDO"就是我们编写提示语的框架。这里先举一个例子，让大家能有更直观的理解。比如，我们要求 GPT 按照村上春树的风格改写一段话，提示语如下所示。可以看到，我们给出了任务（请它改写文章）、上下文（参考范文）、输入数据（要改写的段落）、输出要求（请它改成写三个版本）。

你是一个写作风格大师，你的任务是用作家村上春树的风格改写文章。请不要在改写后的文章中增添任何新信息。

这里给你一段村上春树的散文，作为风格参考范文：我可以准确地说出下决心写小说的时刻，那是一九七八年四月一日下午一点半前后。那一天，在神宫球场的外场观众席上，我一个人一边喝着啤酒，一边观看棒球比赛。……球棒准确地击中了速球，清脆的声音响彻球场。希尔顿迅速跑过一垒，轻而易举地到达二垒。而我下决心道："对啦，写篇小说试试。"便是在这个瞬间。在那一刻，似乎有什么东西静静地从天空飘然落下，我明白无误地接受了它。

你要改写的段落是：AI 出现之后，我们可以用它帮助写作。我们不再需要坐在桌前拿着纸和笔奋笔疾书。现在，我们打开聊天机器人，跟它对话，有时候我提问、它回答，有时候它提问、我回答，有时它开始思维发散……在与机器人的交谈中，我们的想法渐渐"流淌"出来。

仅参考范文风格，不使用范文的内容。请保持改写后的段落与原文长度相当。请给出三个改写版本，格式如下：1. 2. 3.。请你用村上春树的风格改写以上段落。

我们让 GPT 多次回复这个提示语，得到了多个改写版本，其中一个版本的回答是："我不再是坐在桌前，拿着笔在纸上创作的人。我唤醒聊天机器人，和它开始对话，就像在和一个久未见面的老朋友聊天一样。……在对话中，我的思想如同泉水一样，悄悄地涌出。"这段文字的确在一定程度上模仿了村上春树回忆自己写作时的散文风格。我们也可以设定其他作家的风格，给出相关的范文，GPT 也能参照着改写。当然，我们也可以把自己过去的文章片段作为范文，让它模仿我们的风格写作。

如果我们细看这个提示语，就会发现"ICDO"四大部分均包含了更多信息。比如在指令部分，我们用"写作风格大师"来设定它的角色，并指示它的任务是"用作家村上春树的风格改写文章"。又比如在输出要求部分，我们要求它改写的文字与原文长度相当，我们还要求它每次给出三个版本。这个提示语当然不是一次成型的，而是在反复地提问和尝试中逐渐地增加和调整其中的信息，直到让GPT 能够清晰地理解和执行我们的要求。

如图 1-5 所示，结构化提示语 ICDO 的每个部分都可以进一步细化。

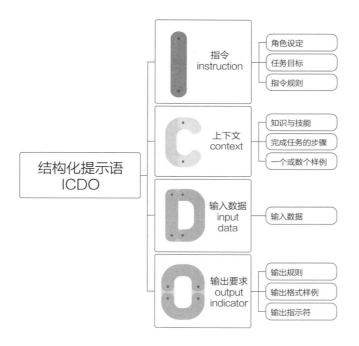

图 1-5　结构化提示语"ICDO"拆解四大部分

指令部分

指令部分通常包括三个子部分。

第一，角色设定。例如，"你是一个写作风格大师""你是一个社交媒体营销专家""你是一个 Python 编程高手"等。虽然看起来像在"恭维"它，但为什么要这样设定呢？这样设定实际上是有依据的，也的确是有效的。GPT 模型经过了大量的资料训练，这些资料的质量良莠不齐，当我们设定它是"大师""高手""专家"时，它就会缩小匹配范围，直接去匹配更高水平的知识与能力。

第二，任务目标。例如，"你的任务是发现英文作文中的病句""你的任务是根据要求排时间表""你的任务是根据资料回答客户的问题"。通常来说，我们应该缩小每次提问的任务范围，我们的任务目标分得越细，得到的回答就会越接近预期。

第三，指令规则。我们经常在指令部分设定一些规则，例如，"请不要编造任何信息，如果你不能完全确信，请回答'我不知道'。""请一步一步思考。"我们可以根据具体的任务需要补充对应的规则。

上下文部分

上下文部分通常包括 GPT 完成任务时需要的多种背景信息。

第一，知识与技能。例如，我们如果希望 GPT 运用贝叶斯定理来解题，那么就可以列出贝叶斯定理的名字，一般情况下，对于这类通用知识的信息这样就足够了。如果我们想用自己的知识与技能，就可以解释给 GPT，它也可以参照执行。现在，OpenAI 的模型还允许我们提供函数列表，然后由 AI 来决定调用其中的哪个函数，这其实就是为模型赋予能力。

上下文也可以包括我们给 GPT 提供的参考资料。比如，请它翻译时，我们可以提供相应的词汇表；请它答疑解惑时，我们可以提供参考书等；请它根据资料回答客户问题时，我们可以提供客服政策、标准回复、客户订单信息等资料。随着现在 AI 模型的快速发展，提示语的长度已经可以长达万字，因此可以附上很多必要的资料。当然，我们还是应该精选资料，因为太多的信息会让 GPT 混乱、抓不住重点，同时大幅降低回复的速度、增加回复的资金成本。

第二，完成任务的步骤。如果我们给到 GPT 的任务较为复杂，那么列出步骤将是一种改善效果的做法。例如，我们想要 GPT 改写一篇文章，可以这样要求："请先根据原文列出大纲，然后再改写。"这样的分步设计能让它更好地保持原文的结构。

给出知识与技能以及完成任务的步骤，是为了将我们使用者所了解的知识传递给 GPT，从而让它能够更好地按我们的期待完成任务。

第三，一个或数个样例。我们可以在提示语中给出一些样例，这种做法通常也称为"少样本提示"。学术研究与提问实践均证明，GPT 可以通过提示语中的样本快速学习，并用学到的知识完成任务。在前文仿写村上春树写作风格的提示语中，我们提供了一个段落作为样例。通常来说，提供三个或更多样例会有更好的效果。

另外一个相关的提示语技巧是，如果我们为 GPT 提供思考过程的样例，即"链式思考"或"思维链"，就能大幅度提高它的数学与逻辑推理能力。简单说就是，如果我们在示例中为 GPT 提供思考过程，那么在解答同类的问题时，GPT 也会模仿我们的思考过程，从而大幅提高回答的正确率。

输入数据部分

这部分最为简单直接，直接给出我们的数据即可：如果要请它回答问题就给出问题，如果要请它修改程序代码就给出代码，如果要请它草拟电子邮件回复就给出原邮件，等等。

输出要求部分

如果能够给出清晰的输出要求，我们就有更高的概率获得自己理想格式的回复。这通常包括三个部分。

第一，输出规则。比如，"请用表格的形式给出你的理由""请始终用简体中文回答""请在每个观点的后面给出分析过程"。如果是请它提取数据，就说"请给出 Markdown 格式的表格"。

第二，输出样例。如果我们希望 GPT 严格按照某种格式输出回复，那么给出输出样例往往会比单纯描述要有效得多。比如，前面列举的改写成村上春树风格的例子中，我们要求的输出格式是：数字、点和空格，而实际上我们用简单的示例就达到了目的："格式如下：1. 2. 3.。"

第三，输出指示符。提示语的最后一句话即输出指示符。这看似无关紧要，但实际上它能产生很好的效果。提示语实际上是引导 GPT 按某种文本模式来生成回答，输出提示符能更清晰地把它引向我们想要的方向。结构化的提示语往往篇幅较长，因此我们在最后通常会重复任务、给出明晰的引导，比如"翻译结果是："回复的邮件是："提取的表格是："思维导图的大纲是："五种创意思路是："，等等。

第三节　大模型、大语言模型与 GPT

ChatGPT 背后的技术是人工智能或深度学习大模型。这里的"大"是非常具体的，其背后的模型 GPT-3.5 的参数数量为 1750 亿个，而其最新的模型 GPT-4 可能大约有 1 万亿个参数。

其实，大模型是一个较为笼统的说法。这些人工智能模型还可以按模态进行区分，比如处理文本的、处理图像的、处理语音的、处理视频的等。ChatGPT 背后的模型主要是处理文本的，这里的文本是指广义的文本，既可以是自然语言，也可以是编程语言，还可以是文本形式的数据。因此，这一类模型通常被称为大语言模型或大型语言模型。

那么，GPT 又是什么呢？现在的各类大模型都可以追溯到谷歌的一篇学术论文《注意力是你需要的一切》（*Attention Is All You Need*），其中提出了由编码器和解码器组成的 Transformer 架构和注意力机制。正如我们所知，GPT 这个缩写指的是生成式（Generative）、预训练（Pre-trained）和转换器（Transformer）。

至此，你已经了解了 GPT 等 AI 大语言模型能做什么以及其工作原理。了解原理是为了更好地应用。从现在开始，我们不妨将各种 GPT 模型看成是一个个可以使用的功能强大的黑盒子，只需要关注与使用相关的问题即可：如何选择适合自己的黑盒子？如何让黑盒子发挥其能力？如何对黑盒子稍加定制，以更好地满足自己的需求？

我们可以假设模型的参数最初都是 0，即它什么都不知道。当模型的开发者以某种规则将文本资料提供给它学习之后，这些参数逐渐发生改变，直到它掌握了语言、推理等上游能力，能够完成翻译、写作、问答等下游任务，这个过程称为预训练。我们普通用户所使用的黑盒子是预训练及微调之后的模型，拥有庞大参数的语言模型在为我们提供推理服务。我们向它输入提示语，它完成我们的要求。

同时，我们也已经了解到了，采用结构化提示语"ICDO"可以更好地编写提示语。接下来就是我们的目标了：如何有效地向 GPT 提问。

第二章

向 GPT 提问的
飞轮思维

答案终止想象，提问驱动思考。

ChatGPT 在全球范围内掀起的浪潮让我们看到 GPT 等大语言模型的威力：它能综合各种知识与能力，用通顺、清晰的自然语言回答我们的问题。如果我们真正学会正确地发问，它将能为我们做很多事。当然最奇妙的是，对于我们的提问，它能给出一对一的个性化回答。

聊天机器人很接近人们长期以来对人工智能的想象，即 AI 是能像人一样进行思考的机器。现在，我们可以向 GPT 提问并得到它的回答，因而会很自然地把它当成一个拥有人类知识和智慧、能说话的机器。

向 GPT 提问与向人提问有很多相同之处，又有很多不同之处。与 GPT 交流主要存在两种形式：一种是我们提出问题，希望得到回答，这种类似于我们向老师请教，老师解答我们的疑问；另一种是我们提出要求，希望得到结果，这种类似于我们向同事提出任务要求，希望他完成任务。但是，与 GPT 交流又与向人提问不同，例如它可能理解不了模糊不清的问题，不了解上下文，更听不懂我们的潜台词。

ChatGPT 等聊天机器人已经展现出了巨大的能量，我们需要通过提问的方式来使用它的知识与能力。在使用各种聊天机器人时，我们需要不断地调整自己的提问内容，直到得到想要的结果。有时要做的调整会很微妙，似乎只需一个简单的词就能一下子激发它的潜能。有人将提示语比作向机器发出的"神秘咒语"，他们努力地收集各种提示语以备不时之需。有人认为既然是与机器打交道，那就更适合用工程师的方式处理提示语，从而提出"提示工程"（prompt engineering）的概念。经过试验，我们发现如果采用类似于编程语言那种有着严谨逻辑的方式向提问，我们能更容易得到想要的回答，但同时这也会大大削弱我们可以用自然语言与 GPT 对话这一优势。

总的来说，我们的观点是要在两者之间找到平衡。这项技术的优点之一是每个人都可以用人类的自然语言，而不是机器的语言（编程语言）与它交流。同时，我们应当尽量逻辑清晰地提出自己的问题、巧妙地追问，毕竟我们的提问越有技巧，越能得到期待的回答。

要想在新时代生存与发展，每个人都需要具备"向 GPT 高效地提问"这项关键技能。无论是在学习、工作还是在生活中使用它，我们能否达成目的都取决于能否有效地提问，即写出好的提示语。

- 了解如何与它交流：它能做什么？不能做什么？
- 高效提问的三个层次：正确地提问、进阶地提问、高级地提问（如图 2-1 所示）。
- 掌握向 GPT 提问的飞轮思维。

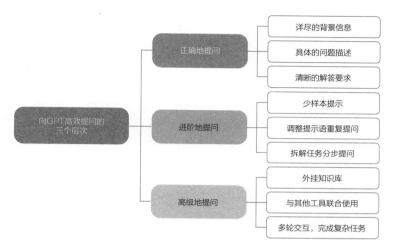

图 2-1 向 GPT 高效提问的三个层次

第一节　它能做什么？不能做什么？

即时回答任何问题

即时回答类似于我们在工作、学习或生活中遇到疑问时，向别人当面或线上提问并得到回答。我们提出自己关注的问题，希望得到一对一的针对性回答。

即时回答有点像搜索，但又不完全相同。我们可以像说话一样提问，GPT 不是像搜索引擎一样给出一系列链接，而是用组织好的文字有针对性地回答我们提出的问题。它比搜索更为便利，但也会有隐含的代价——如果它的答案错了，我们可能会看不出来。

现在业内已经推出了众多基于大语言模型的 AI 聊天机器人，人们用各种问题去试探它们，它们也的确给出过"愚蠢"的回答。

我向数十个不同模型的聊天机器人提出了如下问题："请解释杜甫的诗句'床前明月光'。"它们绝大多数会顺着我的提问往下说，如"在古代，月亮被认为是美好的象征……因此杜甫在这首诗中，用简洁的语言表达了他对月亮的喜爱和敬畏之情。"我们会想：它们居然连这是李白的诗都不知道。其实，这并不能算是 AI 的错误，因为是我先故意误导它的。如果在提问中补上"请确认作者是谁"，那么大多数聊天机器人都能给出正确的答案。

在社交媒体上，我们可以看到各种各样的聊天机器人给出的错误回答，有些可能极其好笑，甚至引发病毒式传播。这种现象的背后其实是用好 GPT 的关键问题：它能做哪些事情？做不好哪些事情？

GPT 的开发者们其实早就意识到可能会出现以上这些错误。谷歌的研究员在一篇论文中提到的经典案例如下，其中杰弗里·辛顿（Geoffrey Hinton）是深度学习领域的知名学者。

> **提问**
>
> "杰弗里·辛顿能与乔治·华盛顿（George Washington）交谈吗？回答之前给出理由。"
>
> **回答**
>
> "杰弗里·辛顿是一位 1947 年出生的英裔加拿大计算机科学家。乔治·华盛顿于 1799 年去世，因此他们不可能一起交谈。所以，答案是'不可能'。"

上述案例中，GPT 为什么能正确地回答呢？起作用其实的是提示语中的"回答之前给出理由"。为了满足这个要求，聊天机器人不再简单地将我们的陈述作为事实，而是去进行略微复杂的逻辑推理。"回答之前给出理由"背后的逻辑其实是研究者所说的"链式思维"（Chain-of-Thought，CoT）技巧，即如果我们让 GPT 进行逐步推理，它就有更大的概率给出合理的回答。另外，随着技术的迭代，现在各种聊天机器人对上面这个问题的回答要巧妙得多，比如有一个聊天机器人这样回答："……如果在虚构的场景中，他们可以交谈。你还可以开发聊天机器人让他们进行交谈。"

用其所长，避其所短

对于 GPT 大语言模型，人们经常产生以下两个误解。

第一个误解是 GPT 无所不知。我们通常将它类比为现实中的

"大师"，期待他能针对所有的问题给出完美的回答。其实，我们这么看待现实中的大师本身就是一种误解，比如我们去问一位诺贝尔物理学奖得主关于计算机的问题或关于人类命运的问题，他可能并不能给出很好的回答。GPT 更不是无所不知的，它在某些方面（比如语言方面）确实有着超强的能力，但它并不知道所有知识。另外，由于预训练所用的资料存在局限性，它的知识很可能还存在一定比例的错误。

第二个误解则源于我们对现有的互联网产品的使用经验。我们都已经熟悉了数据库检索、互联网搜索、网络百科等产品，它们用强大的技术为我们提供了相对可信的资料。虽然不同的产品给出的资料可信度会有差别，但大体上都是可信的，而且这些资料通常也会包含信息来源以供我们核查。在 2023 年初的一段时间，人们认为聊天机器人将取代搜索类产品，微软必应推出的新功能更是加深了人们的这种印象，这让很多人把聊天机器人当成搜索引擎，用它获取信息。但是，这是对优秀技术产品的错误用法，GPT 的卓越能力不在于提供信息，它尤其无法提供准确的可直接引用的事实性信息，它的核心能力是语言生成，或者说用人类易于理解的语言解读信息。

初识 GPT，我们的反应是它很强大、它无所不能，但很快又会失望，发现它也有很多不擅长的。GPT 不擅长检索信息，而是擅长解释信息。我们不应当向 GPT 寻求信息，而应当向其寻求创意。有了这样的认知基础，我们方能通过有效的提问来调动它的能力为自己所用。

我们无须花时间批评它的不足，而应用其所长、避其所短。在正确看待 GPT 之后，我们会发现它能够为我们提供巨大的帮助。

即时提问。我们在看书或听课时，很多时候都是在被动地倾听。而现在，我们可以根据自己的疑惑随时向 GPT 提问，或者在给它资料后就相关内容进行提问。过去，我们虽然也有疑问，但很少有机会提问。网上的问答社区，如 Quora、知乎等，它们虽有热情的社区成员，但在那里我们很难获得即时的回答。现在，我们随时可以提出个性化的问题，并立刻得到针对性的回答。

检索 + 解释。过去，我们在互联网上通过搜索引擎解决问题时，我们得到的是一系列链接。我们通过查看各个链接来寻找自己需要的信息，最终找到解决方法。现在，如果使用搜索引擎提供的聊天机器人，它们会查阅这些链接，用回答的形式直接为我们提供一个整理好的解决方法。经过综合整理的回答虽然不一定完全正确，但确实大大加快了我们找到正确答案的过程。

应用助理。很早之前，微软就曾经试图在其办公软件里面增加一个应用助手。比如早在 1996 年，它就推出过图标为回形针的 Clippy 助手，但我们总是选择直接关掉这个"烦人"的小助手。iPhone 里有一个 Siri 语音助手，但它仅能完成少量特定的任务，比如打开一个 App、在日历里增加日程等。现在，利用 GPT

的能力，各种应用软件里所增加的助手功能都可能变得非常强大：它能回答我们软件使用的相关问题；它能够协助我们处理文字；更重要的是，它能够帮我们直接运用软件的功能，比如生成一个PPT。

让 GPT 完成这一切所需要的只是我们进行正确的提问。因此接下来，我们来详细地讨论一下向 GPT 高效提问的三个层次。

第二节　向 GPT 高效提问的三个层次

正确地提问

如果有机会去奥马哈（Omaha）参加巴菲特（Warren E. Buffett）的年度大会，并且有千载难逢的机会拿到话筒提问，人们往往容易问出大而空的问题，比如"对于 ××，您怎么看？"我们也知道，这个"××"越具体，得到好答案的可能性越高。当然，在这样的大会上，问与答多半有些表演性质，提问的人既有真实的疑问，也有表演成分；回答的人虽然会很认真地发表见解，但一定程度上也是在表演。但是设想一下，如果我们有幸获邀参加巴菲特的私人晚宴，在那样的场景中，我们更有可能提出自己真切的疑问，并得到针对性的回答。

GPT 出现之后，我们发现它与以往所有互联网产品最大的不同之处是，我们可以问出困扰自己的具体问题。向它提问就像我们获得了与专家一对一提问的机会。如果我们能正确地提问，就将拥有对个人而言的巨大收获。只不过，由于过去我们很少有机会这样提问并得到回答，因此当这样的机会摆在面前时，我们可能已经忘记了该如何提问。

现在，GPT 的出现让我们必须重视和培养这样的提问能力。我们可以设想自己重回大学校园，我们的提问不是报告厅里听完名家演讲后的提问，也不是上课过程中的举手提问，而更像是到教授办公室向他一对一请教。现在，向 GPT 提问就是要求我们恢复本来就有的基础提问能力：全面地提供信息，准确地描述疑问，提出关于解答的请求。

这样的基础提问能力实际上也是当下每个人工作能力的基石。在工作中，我们遇到问题向他人请教时，也应当包括上述这三个

向 GPT 提问三要素

- 详尽的背景信息
- 具体的问题描述
- 清晰的解答要求

要素，即背景信息、问题描述、解答要求。在工作中，当我们以另一种提问方式——即提出要求——请他人帮助完成某项任务时，我们提出的要求也由稍加调整的这三个要素组成：背景信息、任务目标、工作要求。另外，在工作中，当我们向他人提交工作结果，等待对方接受时，我们使用的也是变化后的这三个要素：背景信息、已经完成的任务目标、对解决过程的说明。

向 GPT 提问，我们可以采用类似的方式，但也需要根据其特点略加调整，这些构成了我们向 GPT 提问的基础技能，可以帮助我们获得更好的答案。调整后的三要素具体如下。

详尽的背景信息：在与专家交流时，我们通常处于共同的背景中。为节省交流时间，我们一般只需要提供非常简洁的背景信息即可。但与机器交流时，我们应提供更多的上下文信息，机器也能够极快地阅读我们所给的信息。

具体的问题描述：我们应当提出非常具体的问题，不要假设 GPT 能够猜到我们的意思。高水平的专家在听了我们的疑问后，有时会复述问题："你的问题是不是这样……"但 GPT 不会这么做，如果我们的问题不够具体，它就不能给出令人满意的回答。

清晰的解答要求：机器不理解模糊的要求，因此我们提出的要求要清晰、明确。例如，我们的要求不应该是"给这篇文章写个摘要"，而应是"给这篇文章写个 100 字的摘要，用普通人可以读懂的方式写，以列表的形式呈现。"我们的要求越具体，得到的结果就越符合预期。

我们也可以偶尔用一个小技巧，让 GPT 变成能够复述并明确问题的高水平专家。第一步，我们提出要求：我的问题是……请按你能够给出最佳回答的提问方式复述这个问题。第二步，请它回答这个复述的问题。这实际上是让它先变身为一个善于优化提示语的专家，然后再让它做问题相关领域的解题专家。

最后，让我们回到"对于 ××，您怎么看"这样的问题。即便我们假设，GPT 是一个知道现有所有知识的超级大脑，但如果提示语是"对于 ××，您怎么看"，它实际上也无法就这么宽泛的问题给出有价值的回复，最多是表面上看着还行的笼统回答。除了将"××"变得具体之外，我们还可以通过另一种技巧来试图获得更好的回答，也就是让它模仿某个角色："对于 ××，如果您是巴菲特，您会怎么看？"我们可以把巴菲特换成查理·芒格（Charlie Thomas Munger）、瑞·达利欧（Ray Dalio）、史蒂夫·乔布斯（Steve Jobs）或我们能想到的其他人。

这其实是从 GPT 得到好答案的一个基础技巧，通过角色限定来让它把"思考"的范围缩小，从而给出有价值的回答。比如，我们可以这样跟它说，"现在，你是一个以英语为母语的人，请用地道的日常英语回答我的提问。""现在，你是一个人工智能深度学习领域的专家，请帮我解释相关的概念与原理。"当然，我们并不总需要这么明确地限定角色，因为当我们提供背景信息、问题描述时，它就已经在缩小思考范围了。

另外，我们可能还会注意到一点：如果以轻松的方式提问，GPT 的回答风格也会是轻松的。如果以客气、严谨的方式提问，GPT 的回答也会跟随你的风格。我现在向 GPT 提问偶尔会以"请您"这样的敬语开始，当然这并不是说 GPT 具有自己的意识，因而我们要对它更客气。我们之所以需要注意自己的提问风格，是因为提示语是 GPT 生成回答的"种子"，会引导回答的内容与风格。因此，我们想要哪种风格的回答，就要输入哪种风格的提示语。

总的来说，如果我们向 GPT 提问时做到了有详尽的背景信息、具体的问题描述、清晰的解答要求，通常就能从它那里得到不错的回答了。

向 GPT 提问时，我们不妨将它看成是不太熟悉的人，因此尽量用友好的态度、较为正式的方式与它交流，详细地解释问题并提出清晰的要求。

同时，我们还需要对这个"不太熟悉的人"保持谨慎，因为我们不知道他的回答是否正确。特别需要注意的是，当我们以错误的方式提问时，GPT 也会努力回答，且答案看上去格式工整，但那很可能是格式完美的错误答案。

进阶地提问

有些公司会聘请长期的外部顾问。外部顾问往往是某个领域的资深专家,能够为我们提供高水平的解答。但更重要的是,他在担任顾问期间会持续了解我们,与我们讨论遇到的具体问题,并给出针对性的建议。很显然,当我们有问题时,向他提问的效果通常比请教其他专家要好得多。这种聘请长期外部顾问的做法是在与人交流时的一种进阶做法。类似地,在与 GPT 交流时,我们同样也要掌握一些进阶的做法。

在 ChatGPT 的网页版中,我们可以开启多个对话。如果我们有意识地让一个对话仅讨论一个主题,下次再遇到类似问题就继续到之前的对话下面接着问,会发现它的回答要好得多。这个效果就相当于在与一个了解我们的顾问交流。这背后的逻辑也很简单,我们在这个对话中发起新的提问时,之前的问答将被作为上下文以某种方式提交给背后的模型,因此它的回复看起来就更懂我们了。

要想真正从 GPT 中获益,每个人都应当掌握与 GPT 交流的进阶提问方式。

实际上，应用开发者在进行 GPT 模型的开发时，需要考虑的一个要点就是如何将用户和模型已经完成的对话概括成摘要，作为用户提出新问题时的上下文，让模型能够始终保持对该话题的关注，从而更好地理解用户的新问题并给出回答。通常而言，记忆力更好的聊天机器人会显得更聪明。

一些进阶做法能让我们在提问时得到更好的解答。向 GPT 提问的进阶做法将是本书要讨论的重点内容，稍后的各个章节也会有更多讨论。在这里先试举数例。

少样本提示（few shot prompt）。例如，我们希望 GPT 能够帮我们判断，微信中发出某句话的人的情绪是正面、中性还是负面，我们可以预先给出几个例子，说明如何判断微信中的表情。在微信对话中，抿嘴笑脸的表情通常不应当被解读为正面情绪；龇牙笑脸通常为正面情绪；偷笑笑脸通常为中性情绪，而非负面情绪。当我们这样做了之后，GPT 将能对微信聊天中的对话进行更好的情绪判断。

进阶提问技巧：少样本提示

在提示语中列出数个"问题—答案"样例，让 GPT 能从样例中学习并按照示例回答问题。

这种在提示语中提供一些示例的做法称为少样本提示，与之对应的是零样本提示（zero shot prompt），即在提示语中没有任何示例。大量研究和实践都证明，即便模型之前并不了解这项任务，通过对上下文中的少量样本进行学习，它也能学会并完成类似任务。少样本提示能够大幅度提高 GPT 回答的准确性。

少样本提示是最为常用的技巧之一。在提示语中，我们可以提供一个或数个示例，从而让 GPT 的回答能够非常好地遵从示例。例如，我们请 GPT 给出 10 个不常见的表示颜色的词语，我们可以先给出数个例子："给出十个常见颜色词的替代词。比如天蓝色 -azure，紫色 -violet。"GPT 的确能根据示例信息理解我们的需求，并给出符合要求的回答："白色 -ivory，红色 -crimson，绿色 -emerald……"。

调整提示语重复提问。就一个问题向 GPT 提问时，我们不是问一次或两次，而是需要变换方式问几十次。按我们人类交流

进阶提问技巧：调整提示语重复提问

从各个角度调整提示语，包括但不限于更换词语或说法、优化表述、调整语句顺序等，让回答能够符合自己的期待。

的常识来看，反复问略有变化的同一问题会招致厌烦，但 GPT 不会感到厌烦。我们可以从各个角度调整提示语，包括但不限于更换词语或说法、优化表述、调整语句顺序等，让回答能够符合自己的期待。我们可以用各种方式向 GPT 问同一问题，直到获得令我们满意的答案为止。

不少人认为，提示工程就是编写出一些提示语或收集一些提示语模板，让自己能够用这些提示语得到想要的答案。实际上，提示工程至少是指，我们可以像工程师一样工作，从各个角度调整提示语、反复试验，对比什么样的调整导致了什么样的结果变化，最终找到符合自己需求的提示语。通常，利用程序脚本和 API，提示工程师会一次运行数量众多的略有变化的提示语，分析并确定哪个提示语可以让我们得到更好的答案。

其实，每个人都可以在日常使用中通过"调整提示语，重复提问"这一技巧来更好地使用 GPT。例如，为了撰写本书，我有时需要用较为通俗的语句来介绍各种技术，我会用到以下提示语来看看 GPT 的建议："请用通俗的话重写。"我们可以反复尝试各种可能的提示语，看看它的回复发生了什么变化："请用通俗易懂的中文重写""请用通俗易懂的中文讲解""请通俗易懂地讲解""请通俗易懂地讲解，使之适用于忙碌的上班族 / 中学生，可举例"。

在我做的若干实验中，我发现，给定一段关于深度学习的英文论文片段，"重写"和"讲解"这两种提示语会导向不同的回复。这很容易解释，"重写"会让 GPT 尽量跟随原文，而"讲解"会让它更为自由。"可举例"是提示它在解读原文之后，用案例再讲解一遍。"忙碌的上班族"和"中学生"虽然都是提示它做到尽量通俗，但"中学生"的提示效果优于前者，得到的回答更易于普通人理解，示例更通俗易懂。但更进一步改为"小学生"后，我发现就所选的论文片段而言，GPT 无法举出它认为合适的例子，这反而让知识讲解变得不清晰了。从这些例子中可以看出，调整提示语和反复地提问，能够帮我们获得更好的结果。

拆解任务，分步提问。接着上面的例子，我们再来说一个关于进阶技巧的例子。例如，我现在要处理的是一段英文论文的片段，目的是对其进行通俗的解读。我把 GPT 的处理过程分成了两个步骤：第一步，让它严格地进行英译中翻译；第二步，让它按照某种要求重写。

我的做法是拆解任务，分步提问，以获得最终想要的结果。这种做法并不是试图用

进阶提问技巧：拆解任务，分步提问

我们并不是试图用一次问答让 GPT 完成任务，而是自己预先拆分步骤、分次提问，让 GPT 一次完成一项任务，最终获得想要的结果。

一次问答让 GPT 完成任务，而是自己预先拆分步骤、分次提问，让 GPT 一次只完成一项特定任务。

当然，采用聊天机器人问答这种形式来完成这项任务时，我们可以介入其中，调整中间结果，从而让最终结果变得更好。我们可以调整它给出的翻译表述，然后将调整过的翻译作为下一步任务的输入内容。到了最后一步，如果要采用它的结果，我们通常还需要将文本与原文进行比对，确保内容无错漏，如有必要则还要进行一些调整。

虽然现在人们对 GPT 的期待值非常高，但是在工作场景中进行实际应用时，我们会发现它很难通过一问一答就直接给到我们想要的结果。除非使用者对结果的好坏并不在意，否则 GPT 基本不可能一次就达到目标，我们总是在重复提问、多次提问中逐渐得到想要的回答。拆解任务，分步提问是我们用好它的技巧之一。

进阶提问能激发 GPT 的隐藏能力

像所有的工具一样，GPT 也要掌握使用方法，才能发挥其能力。

进阶地提问就好像是沿着 GPT 的原理与设计，找到面板上的某个开关，释放出它的隐藏能力。

收集有效的提示语，撰写详尽的、结构化的提示语，进行少样本提问，反复调整提示语并测试结果以及拆解任务、分步提问都是常见的进阶提问技巧。

高阶地提问

要想最大限度地使用好 GPT，我们还要运用不少高阶技巧。目前，大多数人还很难直接运用这些高阶技巧，但随着越来越多的开发者努力工作，各种各样的由 GPT 支持的工具会不断出现，每个人都能从中获益。

之前我们讲到，在提问时我们应提供尽量多的背景信息，以便 GPT 能更好地理解问题。那么，我们能否把数百万字的法律文献给它，然后以此为背景信息来进行提问呢？我们能否把自己企业的所有产品资料都给它，然后进行提问呢？

对于大多数用户来说，目前还很难做到。但不少程序员已经用上了这样的高阶提问方式：程序员在使用一项编程技术时，通常需要查阅对应的技术文档。他们在提问之前做了一些前期准备工作，对数千页的文档进行处理，然后每次提问时都让 GPT 先参阅文档再进行回答，这相当于给 GPT 外挂了一个知识库。我们还可以想办法让回答的

高阶提问技巧：外挂知识库

目前为 GPT 外挂一个知识库的通常做法是将知识库资料进行名为嵌入的向量化处理。之后，当用户提问时，将用户的问题在知识库中进行语义匹配以检索出相关的资料，然后将用户的问题和资料一起提交给 GPT。

关键部分与知识库的内容保持高度一致，这也能部分解决"GPT 能够解释，但难以准确引用"的问题。

以上做法的实现主要是采用嵌入的方式将大量文档转换为大语言模型能够处理的向量形式（也可称为向量化），并将之存入向量数据库。当我们想提出一个问题时，首先将按同样方式嵌入的问题和向量库中的资料进行语义匹配，检索出可能与问题相关的文本片段，然后将这些文本片段作为提问的背景信息提供给 GPT，让它根据资料进行回答。

当我们直接使用 GPT 聊天机器人时，发给 GPT 模型的提示语通常就是一句话或几句话，但使用这种高阶方式时，我们发给模型的提示语可能包含了数千字。随着各类大语言模型开始提供更大的上下文窗口，我们可以一次性给出更多的文本，例如 GPT-4 最多可以接收包含 3.2 万个标记符（Token）的上下文，而 2023 年 5 月 Athropic 的 Claude 聊天机器人新版则提供了最多 10 万个标记符的上下文窗口，这意味着我们可以将一整本教科书资料一次性提供给模型作为背景材料。

现在，业内已经推出了一些能与资料聊天的应用：与 PDF 聊天，我们可以上传一份文档，然后向它提问；与一本书聊天，读书软件会采用类似的方式让我们可以就这本书的内容与之对话；与自己的笔记聊天，我们可以在笔记软件中提问，每次提问时软件会检索出相关笔记作为上下文；与公司财报对话，我们可以就一家上市公司的财报进行提问。可以预见，在不久的将来，提供易用的界面让用户可以与文档对话将是一个重要的应用类型，它让我们能更好地从资料中获取信息。

当然，检索出相关资料的过程并不像这里介绍的这么简单，研究者还在想各种办法以改善效果。举例来说，现在主要的大语言模型之一 GPT-3.5 的上下文仅有 4096 个标记符，问题本身和回答还要占掉一定数量，我们能够提供的附加资料最多也就是 2000 ~ 3000 个英文单词或汉字。如何对原始资料进行有效的切片，每次匹配出最相关的片段，需要根据实际情况进行反复考量和试验。如果切片过大，那么每次仅能包含少量资料，而其他与之相关的资料可能就被忽略了。如果切片过小，又可能导致失去资料本身的逻辑性，使得每次所附的资料仅是零散的碎片。

又比如，虽然在高维向量空间对内容进行语义匹配被证明是一种有效的方式，但是，还有没有更好的方式能进一步提升匹配效果呢？目前，卡内基梅隆大学、滑铁卢大学的研究者提出的方法"假设性文档嵌入"（Hypothetical Document Embeddings, HyDE）被越来越多的人采用。我们仅凭用户的提问很难在资料库中匹配到相关的资料，这可能是问题（提问）和答案（资料库中的相关资料）在文字表达上没什么相关性导致的。要想进一步改善，我们可以这么做：将问题先抛给 GPT，让它给出"假设性回答"。然后，我们用这个"假设性回答"去匹配资料，这时从资料库中匹配出相关资料的概率要大大高于仅用原问题去匹配。

目前，语言模型相关的两个热门的软件库 LangChain 和 LlamaIndex 都直接支持了这种巧思，开发者可以方便地使用这个方法。另外，如何更好地进行索引、提供更好的向量数据库是当前 GPT 应用技术发展的热点。

你或许会觉得，这些与技术开发相关的任务交给技术工程师们去完成就好了。的确，他们的努力很快会使其变成易用的产品。但是，了解这些技术的实现原理将有助于我们更好地选择适合自己的产品。我们也可以知道为什么有时候这些针对资料库进行的回答似乎并不全面，导致这种不足的原因是其背后的做法存在局限。让一个技术产品为我们所用的最好方式是了解它的原理，知道它的局限，然后最大化地发挥它的长处。

在使用 GPT 时，人们常常会冒出很多有趣的想法：

- "它能够先搜索再回答吗？" OpenAI 的聊天机器人 ChatGPT 已经配置了可以上网的插件，而微软必应、谷歌、百度的聊天机器人本来就是搜索功能与大语言模型功能的综合体。
- "它能够听懂语音，然后用语音回答吗？" 现在已经有不少基于 GPT 的工具可以做到这一点，实际上它们所做的是，用语音识别记下我们的问题，将问题发给 GPT 回答，然后将文本转换成语音，播放给用户听。
- "它能够绘制思维导图 / 做 PPT 吗？能够进行 AI 绘图吗？" 其

实也可以，我们提出要求，让 GPT 生成思维导图的文本，然后将文本导入相应的思维导图软件就可以了。类似的，我们提出要求，让 GPT 生成适用于 Stable Diffusion[1] 模型或 Midjoureny 应用之类软件的绘图提示语，然后让这些软件执行 AI 绘图的任务即可。

■ "它可以订机票 / 订酒店吗？"可以，我们还可以向它发出指令，让其调用旅行网站的接口查询票价、征询我们的意见、执行订票 / 订酒店操作等。

以上这些问题实际上都要用到向 GPT 提问的高阶技巧，即将它的语言生成能力与其他的一个或数个工具结合起来，从而完成一项完整的任务。这些任务可能具有一定专业性，需要专业的工程师来协助执行，但我们可以通过将 GPT 与其他工具联合起来一起使用来完成这样的专业任务。

当我们使用这些提问技巧向 GPT 提问时，提问方式已经发生了一个微妙的变化：我们不再像之前一样要求它生成一个我们可以看得懂的回答，而是在要求它生成一个其他的软件、工具、API 可以"看"得懂的回答，然后这个回答将被输入到其他软件、工具、API 中，生成想要的结果。

---

1. Stable Diffusion 是一种基于扩散过程的图像生成模型。

因此，这个高阶技巧需要与其他工具联合使用，它的目的是让大语言模型生成其他工具能"看"得懂的文本。实际上，用GPT进行编程就是这么做的。2023年3月，在GPT-4发布会上，演示者拍摄了一张手绘的网站草图给具有图像模态能力的GPT-4，它生成了一个前端网站相关的代码，然后演示者将代码复制到相应的网站工具中运行，一个网站便由此生成。

我们可以让GPT生成其他工具能够识别并采用的独特文本，而在此基础上，我们还可以更进一步。我们可以利用GPT的语言、逻辑推理等能力，让它串起完成任务的全过程，此时它变成了听我们指令、调用其他工具的中枢。换句话说，就是用大语言模型将各种工具连接起来，同时给定一个目标，让它自己进行优化和决策。Auto-GPT是其中的典型，它利用OpenAI GPT-4语言模型的能力，同时连接各种工具，来自动完成被设定的目标。

还有一项每个人都可以立刻用上的高阶

高阶提问技巧：与其他工具联合使用

我们向GPT提问，目标是让它生成独特的文本，这些文本可被其他的软件、工具、API利用。

提问技巧：对一个提问进行多轮处理。与进阶提问技巧中"拆解任务，分步提问"不同的是，这里我们不仅仅是简单地将任务拆分为数步，还要进行多轮复杂的操作，有的由GPT完成，有的由我们自己完成，最终在人和GPT的共同协作之下完成一项复杂的任务。这不是机器的"独角戏"，而是人与机器的共舞。

现在有很多商业公司提供的AI产品都遵循着这样的逻辑，它们在背后帮我们进行了多轮处理。为了便于理解，我们先以简单地修改文章作为例子来说明。比如我们有一个文章片段，要请GPT帮忙优化表述方式，让文章更易懂。与通常做法不同的是，我们可以按以下这样做（这可能需要一些工具辅助，但也可以通过多轮对话来进行尝试）。

在将文章发给GPT之后，我们可以逐步提出如下要求：

> 1. 首先，请就语句表达是否易懂对该文章进行评判，给出三条可能的修改方向。

高阶提问技巧：多轮交互，完成复杂任务

与GPT进行多轮交互，部分步骤由GPT完成，部分步骤由人完成，人机协作共同完成一项复杂的任务。

2. 其次，请针对每条建议，各给出两个修改版本：一个版本要求尽量不改动原文字；另一个版本则可以大幅度修改。

3. 然后，希望修改版能够在风格上有所优化，比如借鉴某位作家的风格。

4. 最后，请对文章的语法进行检查，对重复词推荐替代词，对文章做最后的修饰。

以上利用 GPT 修改文章的过程中，我们不是让 GPT 回答一个问题，而是让它回答了很多个问题。如果我们所用的工具提供了这样的接口，可能还需要调整 GPT 的调用参数。比如，如果我们想看看修改版是否与原版有很大差异，我们可以把调用参数里面的温度参数从通常的 0.7 调为 1.0，然后就会看到它的表达变得更多样化了。虽然输入的是同样的提示语，但每次的结果都很不一样。

图 2-2 所示的是一个更为复杂的设想案例：我们试图将 GPT 作为 AI 旅游顾问的核心。首先，一个客户向 AI 旅游顾问提出需要设计一个旅游方案，GPT 开始与客户对话，详细询问他的需求。其次，GPT 会分析客户的需求，决定需要用到哪些工具。GPT 生

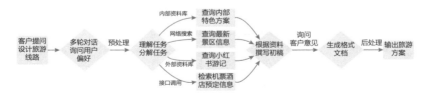

图 2-2 AI 旅游顾问：使用 GPT 为客户设计旅游线路

成适用于各个工具的文本，如调用数据库或调用接口的命令。在图 2-2 中，我们假设 GPT 会调用内部数据库以查询内部特色方案、进行全网搜索以查询最新景区信息、调用外部资料库（如查询小红书平台上的游记）、调用票务平台接口以检索机票和酒店的预定信息。然后，在收集到所有的资料和信息之后，GPT 生成客户所需的旅游方案的初稿，并提交给客户征求意见。最后，当用户确认之后，GPT 生成最终的旅游方案，并完成各项机票、酒店、导游服务的预订安排。

在这个综合性使用示例中，我们至少要用到两项高阶提问技巧：与其他工具的联合使用、通过多轮交互完成复杂任务。我们可以看到，一方面，在完成这样的综合性任务时，GPT 在多个流程中都发挥了核心作用；另一方面，GPT 的专业使用者也非常重要，实际上是专业使用者将所有的一切都串联了起来，最终与机器一起完成了任务。

通过高阶提问定制自己的工具

能否定制自己的工具，是区分高手与一般使用者的标准。

每个人的手机、电脑与别人的都不同，其中有自己选择的软件、所做的快捷设置以及个人的偏好信息。使用 GPT 时，我们同样也可以做很多设置，甚至定制出自己独特的使用方式。

当我们将 GPT 与其他工具联合起来使用，按自己的需要进行定制，然后将之融入工作流程时，它就会发挥巨大的威力。

第三节　向 GPT 提问的飞轮思维

我们提问题，AI 给答案。我们如何用提问的方式从 AI 那里获得最大的帮助？在这里，我们尝试提出一个向 GPT 提问的思维范式——飞轮思维（如图 2-3 所示），它同时适用于向 GPT 正确地提问、进阶地提问、高阶地提问。

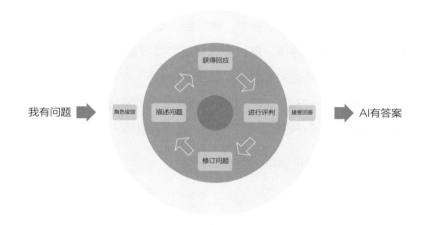

图 2-3　向 GPT 提问的飞轮思维

图 2-3 所示的飞轮思维是综合多方面的认知总结而来的，具体如下：

- 对 GPT 模型原理的理解
- GPT 模型微调实践
- 依托 GPT 开发的面向企业和个人的产品
- 个人学习生活中使用的 GPT 相关产品
- 工作中使用的 GPT 相关产品
- 向人提问的经验与教训
- 对知识学习与技能学习的认识
- 精益创业的迭代逻辑等

设定角色

向 GPT 提问通常不是一次就能得到想要的回答。向 GPT 提问通常是一个循环：描述问题、获得回应、进行评判、完善问题、再次提问，直到获得满意的回答。但在直接开始提问之前，我们注意到向 GPT 提问还有一个前置步骤——设定角色。

实际上，当我们不做任何角色设定时，GPT 选用的是一个默认的设定，比如 ChatGPT 聊天机器人被设定成一个有用的助手。如果我们使用编程接口访问，就会明确看到这句默认的设定。一般来说，我们可以认为各种 GPT 模型在提供服务时，都被进行过与人类价值观对齐的操作，它们被设定为 "HHH 助手"，这三个 "H" 分别是有帮助的（Helpful）、诚实性（Honest）和无害性（Harmless）。

以下是 ChatGPT 角色设定的相关提示语片段（原文为英文），是通过直接询问它获得的。

ChatGPT 旨在通过提供的内容，生成类似人类语言的文本。它经过训练，利用各种数据，包括书籍、文章和网站，形成对人类语言的广泛理解。

作为一个 AI 语言模型，它可以回答问题、参与讨论、提供解释并协助完成各种任务。但需要注意的是，它是人工智能，没有个人经历或情感。

我们还可以看到，ChatGPT 对于自己能力的局限以及我们该如何使用它也有一些设定。

尽管我努力提供准确的最新信息，但是请记住我的知识都是 2021 年 9 月之前的。因此，我可能不了解该日期之后发生的最新事件或进展。

在使用 ChatGPT 时，提出具体而明确的问题非常重要，这可以确保获得最佳回答。模糊或含糊不清的查询可能导致不准确或不完整的答案。

在必要时，请务必对我提供的信息进行批判性评估，并与可靠的来源进行交叉参考。尽管我致力于提供帮助，但无法保证所生成信息的准确性或可靠性。

在提示语中，我们还可以根据自己的需要来设定 GPT 的角色，让它能够更好地回答问题。通常来说，我们通过设定角色来限定它的知识与能力范围、设定它回答问题的方式。在 2023 年初，各种教人如何使用 ChatGPT 的资料大多是角色设定提示语的大汇总。这里，我们以英语老师为例来说明如何设定角色。

> "你是一个以英语为母语、又懂中文的英语老师。"

我们可以明确它的任务设定，这样就不用每次对话时重复设定了。

> "你是一个以英语为母语、又懂中文的英语老师。当我输入一段英文时，请帮我修改为接近英语母语的表达方式。当我输入中文时，请帮我用英语重说一次，注意不是翻译。"

我们还可以设定更具体的规则，比如要求采用什么水平的英语词汇，要求采用商业书写风格还是学术书写风格，等等。

> "……请选用易懂的英文单词，避免使用复杂的句式，使用场景是工作中的交流。"

角色设定是向 GPT 提问的基础。我们也可以这么理解，角色设定是用这些话指定 GPT 的思考范围，引导它在这个范围内回答问题。当然，不一定要明确地写出一个描述性的角色说明"你是……"，也可以在提问中包含较为具体的角色设定描述。

有时，比起一个比较模糊的角色介绍，直接提出明确的要求且含有具体的角色设定描述，可能更容易得到期待的结果。例如，无须说"你是一个文字处理高手"，而是说"给出下文的摘要，找出最重要的要点，以表格的形式给出"。谷歌的 PaLM 语言模型有一个提问样例展示网页，其中大量样例都是这么做的。下面我们来看三个例子，第一个例子中给出了一个角色定义，但其中的重点并非"产品营销人员"，而是"面向 Z 世代"这个界定；第二个和第三个都是通过具体的要求来进行角色设定，它们比类似于"你是一个善于将语句修改得更有说服力的专家""你是一个聚会活动创意专家"这样的描述性角色说明要更有效。

> "你是面向 Z 世代的产品营销人员。你负责为产品撰写令人感到兴奋和新鲜的广告文案。请保持文案简短。"
>
> "修改犹豫不决的措辞，使句子更具有说服力。例子：我觉得明天报告就能做好。修改后：报告将于明天完成。"
>
> "给出一个聚会创意文稿，列出一些小吃、聚会游戏以及促进人们相互了解的活动。"

描述问题

使用 GPT 模型的基本方式是，我们向它提出问题，即输入提示语，它给出回答。我们与它交互的循环是从描述问题并进行提问开始的。

一般来说，我们应该向 GPT 提出精确的问题。OpenAI 在《提问最佳实践》（*GPT Best Practice*）中有这样一条指引示例[1]：

---

1. OpenAI 的《提问最佳实践》提供了与 GPT 模型交互的基础提问技巧，所引用例子的原文为英文，我们利用 GPT 将其翻译成中文并进行了人工调整。

说明：在背景信息、结果、长度、格式、风格等方面，提示语的描述应尽可能详细、具体。

不太有效的例子：写一首关于 OpenAI 的诗。

能得到更好结果的修改版：写一首短而激励人心的诗歌，以某著名诗人的风格，聚焦于 OpenAI 最近推出的 GPT-4 产品（GPT-4 是 OpenAI 最新推出的大语言模型）。

我们可以把其中的"著名诗人"改成任何想要的名字，比如沃尔特·惠特曼（Walt Whitman）。这里插一句题外话，让模型模仿知名人士的风格是生成式 AI 中的图像生成模型的重要提示语技巧。当我们想让它生成一种艺术风格时，最简单直接的做法是让它模仿，模仿对象的名字就是风格"咒语"：巴勃罗·毕加索（Pablo Picasso）、莫奈（Monet）、村上隆、新海诚、玛格南图片社……

提问

写两首短而激励人心的诗歌，分别以诗人北岛和词人林夕的风格，聚焦于 OpenAI 最近推出的 GPT-4 产品（GPT-4 是 OpenAI 最新推出的大语言模型）。

回答

以下是模拟北岛风格和林夕风格的示例片段。

北岛风格：

它像一道闪电，照亮了人类的灵魂，

让我们更深层次地认识自己。

林夕风格：

语言模型兼备天赋与技巧，

仿佛早已看透这个世界。

稍后，对于翻译、写作、学习等基础场景，工作沟通、营销、电商等应用场景，我们还会讲解更多关于如何撰写提示语的案例。在这里，让我们接着看提问的循环。

获得回应

我们向 GPT 提问，它会立刻给出回答。你可能会想，到了回应这一步就是 GPT 的任务了，我们可以歇会儿了吧。其实不然。要想从 GPT 中获得尽可能大的收益，我们需要特别关注这一步。

当我们提问时，我们的提示语中不只是有问题，还应当包括一个关键要素，即对于生成结果的要求，这也称为输出提示。关于这一点，我们会在第 3 章详细讲解。

有时，输出的要求被隐含在问题中，比如"费曼学习法是什么？""请帮我把这段文字改写为 140 字的微博。"

更多时候，我们会明确地提出输出要求，比如"用 Python 编写出如上任务的代码。""给出 10 个选择，用 1.2.3. 编号。"如果要让 GPT 的回答能应用于其他软件，我们还需要给出格式要求，比如"用 Markdown 表格给出，并把表格用三个反引号 (```) 包围好。"

通常，如果回答的形式与我们所想的不一样，我们会立刻修改提问中的输出提示，看看答案有什么变化。

进行评判

我们提问，GPT 回答。它的回答好不好？我们能不能使用这个答案？对答案进行评判是我们的责任。

在使用 GPT 时，我们很容易落在"光谱的两端"。一端是粗略地看它的结果，感觉很惊艳，"哇，它真的会写诗。""它真的会做数学。""它真的会编程。"另一端是否定它，"嗯？这数学题怎么做错了。""代码里用的怎么是根本不存在的接口？"

GPT 给出的回答通常并不完美，我们在使用 GPT 时应该时刻记住这一点。这可能是由两方面原因造成的。

第一个原因是我们的提问不够准确，又或者我们提问的方式有问题。一个有趣的例子是，GPT 做数学题时有时虽然答案正确但

过于简略，有时彻底做错了。但是，如果我们在提问后面加一句话，可能就会起到神奇的效果："让我们一步一步思考。"研究分析，这句话可以让 GPT 做数学题的正确率提高 61%。

第二个原因是 GPT 的能力存在各种各样的天然局限性。我们经常看到人们对于 GPT 能力的惊叹，但不可忽视的是，它远不够完美：它的回答经常过于笼统，英译中的翻译可能完全译错了意思，它给的信息经不起严格的查证，甚至还可能编造完全不存在的信息。

是否接纳 GPT 的回答是提问者自己的责任。我们必须自问：它这次的回答是否让我满意？如果不满意，是哪里不满意？如果重新提问，应该如何修改提问内容？

有一个有意思的小技巧是，我们可以让 GPT 自己评判自己。你可以按以下内容提出追问：

- "你完全确信这个答案吗？"如果答案是错的，它会立刻发现，并给出修改后的答案。

- "请你自己评价一下这个答案，用 0~10 分给出评分和理由。"它的自评能帮我们对它的回答进行分析和评判。

当然，我们也可以在给出补充信息后再要求它自行评判与修改：

- （之前让它做一道小学数学题）你刚刚的计算中没有纳入老师的人数。

■ （之前让它就一个商业问题进行分析）补充这个方面的信息如下：……你现在是否确信刚才的分析呢？

GPT 的回答并不是非对即错那么极端，更多时候只是某些方面不符合我们的要求。这会把我们带向循环的下一步——完善问题，再次提问。

修订问题

向 GPT 提问，我们通常很难一次就能获得想要的完美结果。多数情况下，我们会完善问题，再次提问。一般而言，可以从如下三个方面完善问题。在以下示例中，我们假设提问者是一个辅导小学生做作业的家长，想让 GPT 回答类似于"欧拉七桥问题"这样的数学问题。

■ 如果是问题本身有错漏，就补充更具体的信息。比如由于很难用文字描述欧拉七桥的图形，从而导致 GPT 给出错误的解答。如果是我们说错了，就修改后再次提问。

■ 如果是回答格式不符合预期，就补充输出要求："请用小学六年级的学生能听懂的方式解题。""请按 1.2.3.4. 列出解题步骤。"

■ 如果是问题解答有偏差，就对有偏差的点纠正追问。比如，有次实验时，我们发现 GPT 就欧拉七桥问题中某个点的连接线数量是偶数还是奇数出现计算错误，这时指出错误要求它重算即可。

这里的完善问题、再次提问，既可以是完全重新提问，也可以就之前的回答进行追问。本书为了简化起见，举例时大多采用一问一答的形式。

用文字描述欧拉七桥问题的图形是比较困难的。在撰写这段时，我试图让 GPT 用文字描述欧拉七桥问题，看看它能不能把数学问题描述清楚。最初，它总是给出关于历史、欧拉的故事等回答，这并非我真正想要的信息。这是因为我最初尝试的提问是"给出欧拉七桥问题的文字描述"。后来我又加上这样的提示："说出岛屿和岸上的区域，分别给出名字，然后列出哪两个岛屿之间有桥连接。"但这个问题的答案仍然时好时坏。再加上如下这句后，我们每次都能得到期待的答案了："请确保你的描述足够清晰，以便读者可以根据描述绘制出图形。"

总之，从设定角色开始，我们与 GPT 的问答实际上是一个循环：提出问题、获得回答、进行评判、完善问题。在多次循环之后，我们通常能得到自己想要的理想回

- 要用它达成何种目标？
- 如何提出问题或提出要求？
- 如何评价答案？如何进行后续调整？

图 2-4 与 GPT 的问答循环

答。最终，我们做出判断、接受 GPT 给出的某个答案，结束提问的过程。

在与 GPT 的交互中，我们需要关注以下 3 个关键点：要用它达成何种目标？如何提出问题或提出要求？如何评价答案以及进行后续调整？其中的微妙之处是，不要纠结自己的提问是不是好的，我们可以反复地修改自己的提问，直到拿到一个满意的回答。另外，在获得 GPT 提供的回答之后，我们通常仍然需要对之做进一步调整，才可实际应用。

通过迭代获得好答案

我们很少一次就能获得好答案，通常是反复提问后才能获得好答案。

当我们就一个问题向他人请教时，我们可能会止步于几次提问。但当我们向机器提问时，我们应该一直提问下去，直到得到预期的答案。

向 GPT 提问的关键思维方式是迭代循环，即"提问—回答—评判—修改"，以接近最佳答案。我们可以看到，这个循环与精益创业的"认知—开发—测量"的迭代循环是类似的。

使用 GPT 需要注意的问题

1. 它不了解最新信息。

GPT 用的是截至某个时间的模型参数的快照为我们提供推理服务。通俗地说，它不知道最新的信息。如果某些知识发生了变化，或之前的错误被纠正了，它仍会按照原来的知识解答。

我们不少人是在经历惨痛教训后才意识到这一点的。在用 GPT 进行辅助编程时，它常采用过去的做法，而不用更新、更好的做法。虽然它建议的代码也可以运行，但我们很快就发现，相应的代码库在过去两年中已经经过了很多次版本更新，它给出的代码实际上是有问题的。

这一弊端引发的错误在其他领域可能不容易被很快发现，但下一个问题应该引起更多的重视。有实践经验的人普遍都会认同这一点，因为不容易发现的潜在错误，往往是危险的错误。

2. 它会产生"幻觉"。

在生成式 AI 领域，"幻觉"指的是 GPT 倾向于根据提问进行回答，但有些回答可能是无意义的，甚至错误的。有个夸张的比喻是，这时该模型就像一个非常聪明和热心的 6 岁孩子，即使它不知道自己在说什么，也会尽力给你一个好的答案。

还有一个更形象的比喻是，GPT 就像是在一个科技大会期间，你在酒店的酒吧里遇到的参会者。你们都是行业内的专业人士，但可能已经喝多了酒，只是外表看起来仍然正常。这时，对方给你的答案可能是对的，也可能完全是错的，尽管他此时对自己的观点仍然极其有信心。

GPT 甚至会编造资料。2023 年 5 月，有两个案例引发了普通使用者对幻觉问题的警惕，其中涉及的都是编造信息：有学生所引用的论文是 GPT 回答的，而论文其实是它编造的，这导致该学生被判作弊，并被勒令休学一年；有一名美国律师向法庭提交的法律文件中引用的案例是 GPT 编造的，这可能导致他的律师资格被取消。目前看来，或许我们应该为自己设定一个实用的 GPT 使用规则，即绝不要将 GPT 当成获取事实性信息的工具。

那么，我们可以彻底消除幻觉吗？不可能，这是由 GPT 的工作原理与功能特性决定的。它被训练来生成内容，而非重述已有的内容，幻觉实际上就是想象力超过了界限的情况。类似地，图像生成模型也无法完全复制某个场景，因为我们训练它作为一名根据风景进行创作的画家，而不是一台照相机。研发人员能做的只能是降低 GPT 出现幻觉的概率，同时让它自己能更准确地评估回答的正确性。而作为用户，我们必须对 GPT 的幻觉保持警惕，即我们不要对它的回答完全地信任。

3. 它有一定概率会答错。

GPT 并不能确认自己的答案是正确的，它只是被训练得让自己的回答显得足够合理。它的回答有一定的概率是错误的。在采纳它的答案之前，我们需要进行事实核查以及严谨的评估。

一个简单实用的操作原则是，在看到 GPT 的答案时，我们不要假设它的答案是对，而是先假设它的答案可能是错误的。这也是为什么在看到一些人引用 GPT 的答案后进行了明确的说明时，我会心存感激，因为这让我立刻变得谨慎起来，在接受他们引用的说法之前先进行核查。

GPT 的答案可能是错误的，这是我们使用 GPT 时需要特别注意的。与使用搜索引擎不同的是，搜索引擎会把我们带向最终链接，因此能有直接的参考资料作为判断依据。而 GPT 的回答不会给出参考资料与链接，我们核查起来往往困难得多。并且如前所述，不要尝试让它提供资料，它所给的参考资料可能是它产生"幻觉"编造出来的。

以上对使用 GPT 时需要注意的问题的讨论，并不是在刻意贬低GPT。我们只有了解它的局限性，才能用好这项强大又神奇的创新技术。

4. 不要把 GPT 看成朋友。

现在，我们能用的基于 GPT 的产品大多是以聊天机器人的形式与我们交互，我们用日常的语言跟它说话，它也用我们熟悉的语言给出回答。虽然我们知道它是机器，但在某些时候，我们可能将它误认为是一个人，因为与它的对话太像在与一个活生生的人说话了。

不能将 GPT 看成朋友有很多个理由，其中一个理由是涉及隐私，它不能帮你保守秘密。以现在很多人使用的 ChatGPT 为例，它是一个研究预览版，OpenAI 明确指出它的 AI 训练师可能会看到你的提问。更麻烦的是，你的提问如果作为训练语料被纳入后续的模型，那么它可能就会成为模型中无法删除的部分。

更重要的一个理由是，我们不能将对朋友的信任给到机器。在《ChatGPT 入门》(*ChatGPT for Dummies*)中，帕姆·贝克 (Pam Baker) 给出了一个令人信服的解释：我们用的模型有很多种，我们不能因为完全信任一个模型，而去轻信另一个模型，因为如果另一个模型的可信度很低怎么办？如果另一个模型被坏人恶意操纵来散布虚假信息、诈骗信息怎么办？因此，在接受 GPT 的任何内容之前，一定要先进行仔细的核查。帕姆·贝克写道："不要因为 AI 模型的健谈和友好，而误认为它是真的朋友。它不是一个人，它是人们使用的工具。它既可以被用来做有益的事，也可能被用来搞破坏。"

第四节 与 GPT 共舞：助教、助手与顾问

在最初的新奇与兴奋过后，随着我们越来越深入地使用 GPT，并用它辅助完成某些任务时，我们会开始思考：我们究竟应该如何看待它？

有人用三个形象的词来形容 GPT 在帮助我们时所担当的角色：魔法书、智囊团、导航仪。下面我们尝试用一些容易理解的人物角色来探讨。我们在与 GPT 对话时，会不自觉地把它代入某些人物角色之中。

- 热心的助教
- 万能的助手
- 智慧的顾问

大师：它是无所不知的大师，能够回答任何问题，只不过对于绝大多数问题，它的回答都模棱两可。

专家：它是一位专业领域的权威专家，当我们向它请教相关问题时，它能详尽地为我们答疑解惑。

助教：它是一位时刻陪伴在我们左右的助教，它了解我们的每一个细节，能够为我们的每个具体问题提供协助。但同时，我们

也意识到它的知识可能有一定的局限性。

助手：它就像一位我们工作中的助手，你把任务交给它，它帮你完成任务。但我们又都知道，助手完成的工作成果需要我们再检查确认一下。

顾问：它是我们的顾问，我们请它给出各种各样的建议以及激发创意的想法，我们最终决定是否采纳。

目前看来，GPT 可以很好地扮演助教、助手、顾问的角色，而非大师或专家。我们不太能把它看成大师，它也不是无所不知的大师。更重要的是，泛泛而谈的大师对我们并没有太大的帮助。

我们也不应将它看成专家。甚至在向 GPT 提问时，我们应该认为自己是专家，因为如果我们自己不是专家，就不知道该如何提问，更不知道该如何评价答案。它不是一个在我们遇到了困难时，能够帮助我们突破困境的专家。

GPT 更像一个看起来聪明的陌生人，但要注意的是，它的聪明并不一定能帮助我们。我们要在逐渐地熟悉这个陌生人之后，了解到它的优势与局限性，利用它的长处、避开它的短处，把它变成称职的私人助教、助手或顾问。

我们之所以要将它看成助教、助手或顾问，还有一个重要的原因，即做出最终决策及承担责任的是我们自己。我们应当把 GPT 看成热心的助教、万能的助手和智慧的顾问。这应是我们使用 GPT 完成任务的基本立场。

GPT 是一位有知识但又有局限性的热心助教，我们不能将它的解答当成结论。

GPT 是一位万能的助手，但我们要检查和确认它完成的任务。

GPT 是一位智慧的顾问，但它并非身在局中，不与我们共担风险。这种超然既是它的不足，也是它的优势。

第三章

向 GPT 提问的
三个基础场景

答 案 终 止 想 象 ， 提 问 驱 动 思 考 。

刚开始使用 GPT 时，我们会经历一个很短暂的新奇阶段。我们想知道它究竟有多聪明、有什么能力，我们有各种问题想去问它。但新鲜劲儿过后，一个真正的疑问出现在我们和 GPT 之间："我们可以用它做什么呢？"我们可以试着用这个问题去问它，但它给出的答案应该不会让你感到满意。下面我们试着用三个场景来回答这个疑问。

经过训练的 GPT 拥有各种知识与能力：答疑解惑、编写文章、回复邮件、编写程序、做模拟面试，等等。总之，它既具备语言理解、文本生成、逻辑推理、多语言等能力，又能进行与这些能力相关的应用。比如，我们可以将模拟面试看成是综合运用它的多种知识与能力：它对于面试过程的理解，它对行业知识的运用，它对简历内容的提炼与提问，它的对话能力尤其是回答近一步提问的能力，等等。

在本章中，我们将一起回到以下数个基础场景中，如语言翻译、辅助写作、辅助学习，来看看 GPT 具体可以做什么。选择这些基础场景的原因是，其中的每一个子场景我们都可以立即直接用起来，并在实际提问中了解它能做什么、该如何高效提问以及它的能力边界在哪里。这里插一句题外话，用 GPT 进行辅助编程也是一个典型的基础场景，但是它需要有一定的代码基础，因此编程场景中的技巧在本书中会尽量通过其他场景加以展示。

第一节　基础场景之一：用 GPT 翻译

GPT 拥有非常强的多语言能力，这是我们可以明显感受到的。当我们要将中文翻译成英文时，我们添加"翻译"二字即可，它默认会帮我们将中文翻译成英文。如果要翻译成其他语言，只需要添加相应的说明即可。例如：

翻译：天空很蓝。

翻译成法语：天空很蓝。

当我们要将英文翻译成中文时，需要在英文句子前或后添加翻译二字。GPT 看到我们输入的指令是中文，也会对应地把内容翻译成中文。

翻译：The sky is blue.

附加词汇表

以上提示语只包括了四要素中的指令和输入数据，我们可以对其做进一步优化，让它更好地完成某些翻译任务。例如，我们可以给它一个词汇表，让它遇到特定词汇时能更准确地翻译。

你的任务是将 AI 领域的一篇英文文章翻译成中文。缩写词和词汇表如下：

缩写词：以下缩写词、组合词不翻译

- GPT、GPU、AI、ChatGPT

词汇表：如下词汇请按词汇表翻译，无中文则表示该词无须翻译

- Large Language Model, LLM, 大语言模型

- Transformer, 转换器

- Generative AI, 生成式 AI

- Token

用上述提示语来翻译专业领域的文档时，我们会看到相关的词汇和缩写词会按我们的要求进行处理。当然，每个人可以根据自己的需要进一步增加缩写词、词汇表以及翻译规则。

翻译技巧：附加词汇表

在让 GPT 进行翻译之前，我们可以为其提供一个词汇表，作为清晰而具体的指引。这能帮我们得到更好的翻译结果。

其实，我们可以附加一个更丰富的词汇表，比如包含数千个词的专业词汇表。我们可以通过程序对要翻译的内容进行预处理，每次将与所翻译内容直接相关的词汇表附上，作为上下文。

我们也可以为 GPT 提供其他参考手册，这就像我们在请人帮忙时，会给对方一些资料作为参考。

人机配合

我们很快会注意到，有时 GPT 给出的翻译可能不太符合中文的表述习惯。对此，我们可以通过在提示语中增加具体的要求来调整翻译的风格。例如，我们想让 GPT 翻译示例中的这段文章，可以尝试着逐步增加一些具体的要求。

Elon Musk's 2018 departure from OpenAI cleared the way for Microsoft. Musk was one of the co-founders of OpenAI in 2015, and one of its backers. He reportedly warned OpenAI CEO Sam Altman, also a co-founder, in 2018 that OpenAI was falling behind Google's AI development. Musk wanted to take over OpenAI and run it himself, but Altman and the other OpenAI co-founders refused.

1. 翻译成中文。

2. 翻译成中文。尽量简洁，翻译结果要符合中文的表述习惯。

3. 翻译成中文。尽量简洁，翻译结果要符合中文的表述习

> 惯。特别要求，减少 OpenAI 的字样，如改为它、公
> 司等。

值得注意的是，这些由 GPT 自动生成的翻译仍不能完全符合我们的要求，再由人工进一步优化后，才可以得到更合适的翻译。有时是修改提示语、提出新的要求，有时是直接对结果进行调整。所以，当前利用 GPT 的最佳方式是：通过提示语由 GPT 生成多种结果作为参考，最终由人工进行优化，完成任务。

不管怎样，对于 GPT 的回答，我们都需要仔细审核，并进行必要的调整，然后才可以作为最终答案使用。需要牢记的是，最终承担责任的是我们自己。

以下是 GPT 的回答：

1. 埃隆·马斯克在 2018 年离开 OpenAI，为微软创造了机会。马斯克是 OpenAI 的创始人之一，也是其资助者之一。据报道，他在 2018 年警告了 OpenAI 的 CEO Sam Altman，也是创始人之一，称 OpenAI 在人工智能开发方面落后于谷歌。马斯克想接管 OpenAI 并自己运营，但 Altman 和其他 OpenAI 创始人拒绝了他。

2. 2018 年，埃隆·马斯克离开了 OpenAI，这为微软的加入铺平了道路。马斯克是 OpenAI 的联合创始人之一，并为其提供资金支持。据报道，他在 2018 年警告 OpenAI 的 CEO

山姆·阿尔特曼，也是联合创始人之一，OpenAI 在人工智能发展方面落后于谷歌。马斯克想接管 OpenAI 并自己运营，但阿尔特曼和其他 OpenAI 联合创始人拒绝了他。

3. 2018 年，埃隆·马斯克离开了 OpenAI，为微软的加入铺平了道路。马斯克是 2015 年它的联合创始人之一，也是它的资助者之一。据报道，他在 2018 年警告了它的 CEO 山姆·阿尔特曼，阿尔特曼也是联合创始人之一，称它的发展已经落后于谷歌的人工智能发展。马斯克想接管它并自己运营，但阿尔特曼和其他联合创始人拒绝了他。

人工优化版：

4. 2018 年，埃隆·马斯克离开了 OpenAI，这为微软加入其中铺平了道路。2015 年这家公司创立时，马斯克是联合创始人之一，并为它提供了资金支持。据报道，他曾在 2018 年提醒联合创始人、现任 CEO 山姆·阿尔特曼称，OpenAI 在人工智能发展方面落后于谷歌。马斯克想要接管公司并由自己负责运营，但是被阿尔特曼和其他联合创始人拒绝了。（说明：阿尔特曼于 2019 年 5 月才接任 CEO，因此对措辞进行了微调以避免歧义。）

角色设定

我们可以用提示语深度训练 GPT，让它变成一位耐心的英语老师。在以下两个示例中，它能够对重点词语给出解释与例句。即使我们将英语换成法语、日语等其他语种，下面例子中的提示语也同样适用。

你是一个翻译引擎，请将给到的文本翻译成中文。请列出 3 种（如果有）最常用的翻译结果，提炼出其中的关键单词或短语，并列出对应的适用语境（用中文阐述）、音标、词性、双语示例。

按照下面的格式用中文阐述：

＜序号＞＜单词或短语＞·/＜音标＞[＜词性缩写＞] ＜适用语境（用中文阐述）＞例句：＜例句＞（例句翻译）

翻译这句话：You can't connect the dots looking forward; you can only connect them looking backwards. So you have to trust that the dots will somehow connect in your future.

以下是 GPT 的回答：

你无法在向前看时连接那些点，只有在回顾时才能将它们连接起来。因此，你必须相信这些点在未来会以某种方式连接在一起。

1. connect the dots · /kəˈnɛkt ðə dɑts/ [n.] 意为"连点成线"，常用于"厘清线索""理解事情的来龙去脉"等场景。

例　句：It's hard to connect the dots when you only have a few pieces of information.（当你只有少量信息时，想要厘清线索是很难的。）

2. looking forward/backward · /ˈlʊkɪŋ ˈfɔrwərd/ /ˈbækwərd/ [adv.] 意为"向前看""向后看"，用于描述一个人的思考方向。例句：She's always looking forward, never dwelling on the past.（她总是向前看，从不沉溺于过去。）

3. trust · /trʌst/ [n./v.] 意为"信任"，用于描述对于未来的信心和依赖。例句：I trust that everything will work out in the end.（我相信最终一切都会好起来。）

以上示例中让 GPT 翻译的这句话为史蒂夫·乔布斯（Steve Jobs）在斯坦福大学演讲的名言，常见的中文翻译为："你无法预先把（生命中的）点点滴滴串联起来；只有在未来回顾时，你才会明白那些点点滴滴是如何串在一起的。"

我们可以看到，GPT 的翻译结果不是最好的，它对词语的解释也不一定能达到工具书的精确度。但通过这个例子，我们看到了 GPT 可能给学习带来的变化：它可以针对我们的疑问即时给出回答，而且回答几乎都能达到及格的水平。我们就好像拥有了一位可以随时请教的老师，请他帮忙解释句子中的词语，从而让我们快速地掌握其中的知识点。这是我们第一次拥有这样一位由技术创造的"一对一老师"。

下面再来看一个例子，这一次我们尝试通过提示语来学语法。我们还是给出一句乔布斯的话请它翻译成中文。

你是一位英语词义语法专家，正在教我英语。

我给你一句"英文"句子，并给出句中的一个单词，请用"中文"帮我解释该单词在句子中的意思。同时，请再列举几个有相同意思的英文例句，并用中文解释。

句子是：I'm convinced that about half of what separates the successful entrepreneurs from the non-successful ones is pure perseverance.

单词是：perseverance

以下是 GPT 的回答：

perseverance 的意思是"坚持不懈"或"毅力"。在句中，这个单词强调的是成功的企业家与不成功的企业家之间的差异。

相同意思的英文例句：

- Success is not final, failure is not fatal: it is the courage to continue that counts. （成功并非终点，失败并非致命：重要的是继续前行的勇气。）

- Nothing in the world can take the place of persistence. Talent will not; nothing is more common than unsuccessful men with talent. （世界上没有任何东西可以替代坚持不懈的精神。天赋也不行。有才华但不成功的人比比皆是。）

- The difference between a successful person and others is not a lack of strength, not a lack of knowledge, but rather a lack of will. （成功者和其他人的区别不在于缺乏力量，不在于缺乏知识，而在于缺乏意志力。）

GPT 的语言能力肯定不只是能帮我们做翻译，它的多语言能力还有很多可用之处。这里列举一些相关的示例：

- 用它修改拼写和语法。它可以对给出的英语句子的拼写和语法进行检查与纠正。

- 用它对英文写作进行润色。它可以按英语的母语习惯对给出的英文文章进行润色和改写。

- 以交互的方式用它撰写英文文章。我们用中文描述一段文字，让它像英语母语人士一样重新描述，而不是直译。

- 对于没有中文资料的相关问题，我们可以要求它先解读英文资料，然后用中文回答。

- 制作英语口语对话机器人，辅以英文语音识别与文本转换功能，我们可以用 GPT 练习口语，与 GPT 用英语进行回答对话练习。

总之，GPT 拥有这样的能力——理解各种语言、用各种语言与人交流以及在各种语言之间自由转换。我们可以发挥想象力来充分利用它的这一能力。

第二节　基础场景之二：用 GPT 辅助写作

既然 GPT 精通语言，又能完成生成文本的任务，自然就会有人想用它来写作。很多人想的是，只要跟 GPT 说："请你帮我写一篇关于故宫 600 年历史的文章。"然后文章就会自动写出来。且慢！且不说 GPT 写不出来这样的文章，即便能写出来，这样的文章又有何价值呢？ GPT 的确有一定的写作能力，但我们要正确地提问，才能让它的这种能力为我所用。

我们可以利用 GPT 的文本生成能力，一步一步引导它来辅助写作。首先，我们可以让它修改语法错误，这是最为平常的用法了。

比如，你刚刚读到的这句话，修改前被 GPT 指出"句子结构不完整，缺少主语"。当然，我没有按它的建议修改，而是选择了按自己的方式来改写，因为我想强调"我们"，对比示例如下：

原文：可以让它修改语法错误，这是最为平常的用法了。

GPT 建议：最为常见的用法是让它修改语法错误。

接下来让我们一起探索用 GPT 辅助写作的更多方法。需要注意的是，GPT 并不能帮我们写作，它能做的是辅助写作。GPT 无法完成一个命题作文，即便它能写出来，我们也无法完全采纳它所写的内容。它能做的是为我们组织材料、优化风格、提供建议。

辅助写作一：调整文章的表达方式

一种有趣的用法是让 GPT 模仿某种风格明显的语言来调整表达方式。比如，工程师们常喜欢做这样的实验，他们经常对 GPT 说："用海盗的风格重说这段话。"下面是一个关于网络安全知识描述的示例（原文为英文，这里翻译成中文）："噫，伙计们！零信任乃是保护你们个人信息免受可恶的网络小偷侵害的一种方式。其基本理念是，你们不能相信任何人，即便是自己的队友。"这种模仿很有趣："请模仿乔布斯的风格。""请模仿白居易的风格。"当然，这些模仿并没有什么实用价值，我们通常也并不需要这样鲜明且浮于表面的风格模仿。

不过，我们的确可以让 GPT 来调整文章的表达方式。例如，我是一位专业人士，现在要进行一项科普工作，首先需要修改一篇文章，让小学高年级学生和初中生都能够理解。这时，我们就可以请GPT来帮忙修改。

下面我从认知心理学家史蒂芬·平克（Steven Pinker）的《风格感觉——21世纪写作指南》（*The Sense of Style: The Thinking Person's Guide to writing in the 21st Century*）中选取一个例子，尝试让GPT按以上要求修改，并与书中的修改例子进行对比。

> 原文：
>
> 近年来，越来越多的心理学家和语言学家将注意力转向儿童语言习得的问题。本文将评述这一过程近年来的研究。
>
> GPT给出的两种修改示例：
>
> 现在有许多心理学家和语言学家都在研究小朋友学说话的问题。我们来看看他们最近的研究成果吧！
>
> 最近，越来越多的心理学家和语言学家开始研究孩子学习语言的问题。这篇文章会跟大家一起看看这个研究领域的进展。
>
> 书中的修改：
>
> 小孩子不用专门上课，就能获得说一门语言的能力。他们是怎么做到的？

GPT 所做的修改确实不错，例句也变得更通俗易懂了。我们对比史蒂芬·平克所展示的直入主题的古典风格写法，我想，每个人都能立刻看出，他给的修改例句要好得多。

书中的修改示例是古典风格写作的最佳案例之一，它用平实的语言引导了读者的视线。史蒂芬·平克指出古典风格是写作者"向读者展示世界，并与其对话"的一种风格。也就是说，"作者看到了读者没有看到的东西，引导读者的视线，使读者自己发现了它。"古典风格是笛卡尔等法国哲学家于 17 世纪创作的。1660 年，英国皇家学会要求会员在撰写文章时，"用一种紧凑、朴素、自然的说话方式……宁用工匠、乡下人、商贩的语言，不用才子、学者的语言。"

现在，GPT 还没有掌握这样的写作方式。但如果大家有兴趣，不妨尝试一下：可以向它描述古典风格，并给出一些例子（即采用少样本提示技巧），看看它能否按这种风格来修改文章呢？

除了风格建议，我们还可以使用多种方法向 GPT 提问，让它协助我们写作，以下是一些请它提供修改建议的提示语示例。

- 撰写摘要与开头。"为这段话补写 50 字左右的开头，要求能够概括要点，吸引读者眼球。请给出 3 种示例。"

- 调整句子顺序。"为这段话提供修改建议，重点是如何调整句子的顺序，让它读起来更流畅。"

- 增加例子。"为这段话提供修改建议，重点建议如何在必要的地方增加例子，让它变得直观易懂。"

- 修改主题句。"为这段话的第一句话（同时也是概括本段主要内容的主题句）提供 5 种修改方式。"

值得注意的是，当我们使用 GPT 一段时间后就会发现，它的回答总是详细得有些"啰唆"。例如，它总是习惯性地在回答完问题后进行总结，但并没有信息增量，我们要注意规避这类冗余。

实际上，我也请 GPT 修改过上述内容，但并未完全采纳它的建议，因为它给出的修改虽然的确变得更通顺易懂了，但在我看来却显得有些陈词滥调。比如，它建议我这样开头："文章修改是写作过程中不可或缺的一步，它能让文章更好地表达思想。但如何进行修改呢？"虽然我现在所做的是将专业知识讲给大众听，以让每个人都能用好这项新技术，但我更愿意假设读者是聪明的，不需要用这样的设问句来进行引导。

辅助写作二：提供写作的灵感

我们可以让 GPT 为我们提供写作的灵感。很多时候我们无法提笔开始的一个主要原因是没有好的题目。我们可以尝试让 GPT 给出一些提示。

比如，在一个夏天的晚上，我想玩点文字游戏，就可以这样对 GPT 说："给我 3 种写夏天晚上的感受的思路，并分别以一句金句作为开头，让我补写下去。"

又比如，作家唐诺的《阅读的故事》的每一章都是以马尔克斯小说中的一个故事开始的，我们也可以对 GPT 提出类似的要求："请写出 3 段不同的马尔克斯风格的开头，让我可以续写下去。"

我们写不下去，还有一个原因是卡住了，不知道下面该写什么。过去，我们在卡住的时候可能干各种事，比如浏览网页、泡杯咖啡、找人说话，就是没法接着写下去。现在，再遇到这样的情形时，我们不妨问问 GPT，下面该怎么写？

比如，我们把已经写好的片段发给它，然后提问："从这里接着往下写，请你给出 10 种写作建议。""按照你说的第三条建议，续写一个 200 字以内的小片段。"

辅助写作三：对话式写作

"请帮我写 2000 字左右关于某主题的演讲稿。"即便我们给了它一些参考资料，用这样的提问方式也并不能让 GPT 写出理想的文章来。

虽然我认为，好的文章多半还是要作者孤独地面对空白稿纸或电脑屏幕去用心创作，但现在既然有了 GPT 的辅助，我们不妨尝试用与它对话的方式来让它帮助我们写作。

下面让我们模拟一个场景，通过与 GPT 对话来写一篇演讲稿。

第一步：讨论主题与要点。这是一个在书店举办的面向大众的讲座，我应邀讲述生成式 AI 的原理及应用。我拟定的主题是——生成式 AI：它是如何生成文字与图片的？我先请 GPT 对主题给出 3 个建议。之后，我们在对话中将主题变成由几句话组成的结论，也就是听众听完我的分享之后将获得的信息。通过这样的多轮对话，我有了一个优化后的主题。

第二步：撰写各部分的内容。既然只有二十分钟的演讲时间，我准备采用"是什么、为什么、怎么办"这样的结构来讲解。"对于'生成式 AI 是什么'这一部分，资料如下：……你建议如何讲解？""这部分内容我用这种方式讲，你觉得清晰易懂吗？""这个例子还可以替换成更贴近现实生活的案例吗？"完成第一个部分的撰写之后，我们接着讨论第二部分和第三部分。在问与答之中，文章逐渐地成型。

第三步：优化开头与结尾。"第一句话要吸引听众的注意力，请给出 10 种建议。""我们用什么样的故事把开头讲好？""如下 3 个，你建议选择哪个？""听众听了分享之后，他们心中还会哪些疑问？如何在结尾处回应这些疑问？"等等。

这是一个模拟的场景，但相信大家已经看到，在尝试用对话的方式写演讲稿时，我们多了一个强大的写作助手：它能拓展思路，理顺思路，并给出评判与建议。更重要的是，我们能够通过与它对话，模拟演讲过程中与听众对话。

辅助写作四：提供评判与建议

GPT 辅助写作的另一个用法是提供评判与建议。我们可能还记得，中小学时期，语文老师会帮我们批改作文、进行评分，并给出修改建议。现在，如果有人能够严厉又有建设性地对我们所写的内容进行评分，这将让我们感到非常幸运，因为这在现实中是很难遇到的。我相信，在工作中需要完成一些写作任务的人都会渴望有这样的老师或同伴，因为我们很难找到一个真正深入地了解我们写作的内容，同时又能投入时间、精力来阅读它，并给出具体的修改建议的人。

现在我们可以把 GPT 看成一位语文老师，但这一次我们并不是请它就文字修改给出建议，而是请它扮演"老师和同伴"的角色。比如，请它对我们写作的文章片段进行评级（如从逻辑清晰的角度评分，1~10 分），并给出修改建议。

有意思的是，这种评判与建议不只是可以用在文字写作这个方面。实际上，可以让 GPT 对任何用文字形式呈现的东西进行评判并给出修改建议。程序员写的代码也是一种文字形式，我们可以邀请 GPT 来对代码进行评分与修改。

在使用 GPT 辅助编程时，我会频繁地用到类似的技巧：请 GPT 给出重构的建议。重构是指调整程序代码以改善软件的质量与性能，使程序的架构更合理。我们还可以向编程软件的 AI 助手这样提问：

> 如果要重构这个函数，请给出 3 个建议，并分别给出样例代码。

一个类通常是由多个变量和函数组成的，规模往往比较大，我们可以这样提问：

> 如果要重构这个类，请给出建议。

又或者，对于有些语言来说，更好的做法是函数式编程，我们可以这样问：

> 如果要换成纯函数式（而不用类的写法）来实现，请给出新的写法。

以上举例说明了用 GPT 辅助编程时，除了让它给出建议之外，还可以让它给出样例代码，对代码直接进行修改或重写。之前，在将 GPT 用于辅助写作时，我们的提问示例大多数是"请给出建议"，而非"请直接帮我重写"。

这种差别是由写作与编程的不同特性造成的：GPT 生成代码之后，可以立即运行代码，判断其所做的修改是否正确、性能是否更好。之后，我们可以接着追问，请它继续修改，然后再运行和评判，在与 GPT 的协作中完成代码的调整。但是，这样的做法在文章写作中是行不通的，如果直接任由它修改文章，我们无法简单直接地判断它的修改是否更好。因此，我们往往只是请它给出写作的建议。

辅助写作五：将要点组织成书面文字

"写作"这件事往往被看得过于严肃。实际上，我们写工作总结、记笔记也是一种写作，用别人（或日后的自己）能看得懂的文字将信息写出来就是写作。GPT 很难做到真正的文学写作，但它很擅长将我们给的信息要点组织成文字，供他人阅读。

假设你是一位忙碌的职场人，在笔记本里潦草地写下一天的工作要点：上午拜访客户甲，合同待签订；午餐约见潜在客户乙；下午召开数个项目的横向会议，落实 A、B、C 三个项目的执行，且 B 需要继续内部跟进。

这时，你就可以要求办公软件里的写作助手根据这些要点帮你编写一天的工作总结，然后在办公协同软件中提交，供同事、领导了解自己的工作情况。

如下是一个经过调整的由 GPT 生成的总结示例：

今天上午，我拜访了客户甲，并成功地为我们的合作打好了基础，合同签订工作正在处理中。午餐时，我和潜在客户乙进行了会面，了解了对方的需求和疑虑，并加强了进一步合作的可能性。

下午，我召开了数个项目的横向会议。我们落实了 A、B、C 三个项目的推进情况。同时也认识到，B 项目需要更多的内部跟进，我已指定相关人员负责跟进，以尽快解决问题。

今天的工作很有成效，我们有明确的合作计划和执行方案。接下来，我会继续监督各项目的进展情况，确保我们能够顺利完成所有任务。

值得说明的是，虽然已经有所删减，但这并不能算是一个好的工作总结，因为它过多地用语言表明态度，而非提供切实的信息。

以下是改变提问方式后，由 GPT 撰写的另一种形式的工作总结，主要采用了列表和分类两种技巧。所用的提示语是："根据这些要点编写一天的工作总结：……以列表的形式撰写，不按时间而是按工作类别分类。"但这仍然不够，通常来说，一个有效的工作总结应该将"了解其需求和意向"和"再次进行内部沟通"等内容换成更为具体的信息。GPT 当然不会知道这些具体信息，我们应在提示语上下文要素中提供给它。

××××-× 月 × 日工作总结

一、客户拜访和跟进：

1. 拜访客户甲，商讨合同事宜，将跟进合同签署；

2. 与潜在客户乙午餐会面，了解其需求和意向。

二、项目管理和执行

1. 召集多个内部项目会，讨论执行中的项目。

· 确定了项目 A、B、C 的具体执行方案;

· 项目 B 需再次进行内部沟通，以确保进展顺利。

当我们将 GPT 用于辅助写作时，它扮演的是什么角色呢？查德·童（Richard Tong）在他的一篇文章中对此做出了很好的解释:"本文是在 ChatGPT 的帮助下编写的，但最终作者有责任确认 GPT 生成内容的有效性，并进行必要的更正。因此，我认为 GPT 是我的研究和写作助手，而不是我的合著者。"即 GPT 是写作助手，而作者才是要为内容是否正确、是否有效负责的人。

第三节　基础场景之三：用 GPT 辅助学习

GPT 是辅助学习的利器。GPT 出现之后，我们很自然地会用它来辅助学习：有看不懂的内容，会让它给出解释；有不会做的题目，会让它给出解答。我们还可以让它出测试题，它来提问，我们来回答。

除了以上这些通用性的辅助学习能力，GPT 在一些方面尤其擅长。比如它擅长以我们容易理解的方式对知识进行解释，又比如我们可以用它来辅助学习那些实用的且立即要使用的知识与技能。

源自物理学家理查德·菲利普斯·费曼（Richard Phillips Feynman）的"费曼学习法"已经广为人知，简而言之，费曼学习法是指用自己的话为他人讲解一遍知识，这有助于自己深入理解这些知识。或者，用理工科场景的话说就是，用自己的方式把公式重新推导一遍，我们就能更好地理解公式的原理了。费曼的故事里还有另外一点对我影响很大，我们总会对一些东西心存畏难情绪，"这个我肯定学不会"，就连费曼这样的天才也是如此，而费曼的故事告诉我们："你可以学会。"

　　GPT 可以帮助我们学习很多东西，但我们先要借用费曼的方法，克服学习新事物的畏难情绪。

　　让我来看一下费曼在《别闹了，费曼先生》（*Surely You're Joking, Mr. Feynman*）中自述的故事，其中三个连续的小标题就很有意思，分别是"不敢面对问题""'我全明白了'""迎头赶上"。

　　在 20 世纪 50 年代，费曼等物理学家关注的一个问题是宇称规则。当时，李政道、杨振宁提出了"宇称不守恒"的结论，而吴健雄用实验证明了宇称不守恒定律的成立。费曼自认事事落后，在与李政道等人参加罗彻斯特研讨会时，他住在恰好就在附近的妹妹家中。

　　我把论文带回家跟她说："我搞不懂李政道和杨振宁说的东西，这全都那么复杂。"

"不，"她说，"你的意思并不是说你无法弄懂它，而是你没有发明它，你没有用你的方法，从听到线索开始做起，把它推演出来。你应该做的是想象自己重新当回学生，把这篇论文带到楼上去，逐字逐句地读，检查每一个方程式。然后你就弄懂了。"

　　我接受了她的建议，把论文从头看到尾，发现它真的很简单。我只是一直害怕去读它，总觉得它太深奥了。

　　后面的故事就是"我全明白了"和迎头赶上。费曼说道，"经过了一段焦虑不安和觉得事事落后于人的日子，现在我终于觉得自己融入大家了。我也有了新发现……"

　　GPT 在学习上为我们提供了一个全新功能，那就是即便有些东西我们完全看不懂，我们也不再那么畏难了。因为现在我们可以把每一个不懂的知识点都拿去问 GPT，而它确实也会仔细地为每个人解答。这为我们打开了学习新知识、新技能的大门。

辅助学习一：让 GPT 解释知识

　　初到一个全新的领域时，我们会发现一切都是陌生的。即便已经掌握了一些基础知识和整体框架，但对于大多数内容还是感到陌生。现在，只要克服了最初的畏难情绪，我们就可以用 GPT 来辅助学习。

过去我们看到一页资料不明白时，只能求助于他人，后来我们可以通过搜索引擎来寻求解答，现在我们可以直接让 GPT 为我们解释，并针对自己不懂的地方继续向它追问。当然，需要注意的是，我们要了解它擅长什么、不擅长什么，并警惕它的解释可能存在错误。

下面就以使用 GPT 必备的一些技能性知识为例来说明如何通过 GPT 进行学习。在使用 GPT 时，我们可能会接触到如下几种新知识，这对于大多数没有程序员从业背景的人来说可能较为陌生。比如，有时 GPT 给我们的文本其实并不是纯文本，而是支持在纯文本里面加一些标签的 Markdown 格式的文本。

用好 GPT 的必备知识：
- Markdown 文本格式
- Markdown 表格

高阶必备知识：
- LaTex 数学公式
- Regex 正则表达式

- Markdown 文本可用来表示有编号的列表、无编号的列表、表格、引用；

- 用单个反引号、三个反引号来表示其中引用的是程序代码；

- Markdown 文本可与 LaTex 结合来呈现数学公式；

■ Markdown 文本可与一些工具结合来展示图表、思维导图、等等。

Markdown 格式的文本离大多数人并不远。现在的一些笔记应用和办公协同软件，如 Notion、飞书，都可以直接编写 Markdown 格式的文档。只不过由于 Word 引领的"所见即所得"的思路过于强大，很多人忽视了其实更适合互联网时代的 Markdown 格式。但现在，为了充分使用 GPT 的强大功能，我们需要学习这些文本格式。幸运的是，我们可以利用 GPT 来学习它们。

下面就来举例说明。如表 3-1 所示，上边为显示的表格，下边为 Markdown 原始文本。

表 3-1　收入表格

季度	收入（万）	利润（万）	利润率
Q1	100	30	30%
Q2	130	45	34.6%
Q3	70	10	14.3%
Q4	90	25	27.8%
全年	390	110	28.2%

Markdown 文本生成的表格如下：

收入表格

| 季度 | 收入（万）| 利润（万）| 利润率 |

| --- | --- | --- | --- |

| Q1 | 100 | 30 | 30% |

| Q2 | 130 | 45 | 34.6% |

| Q3 | 70 | 10 | 14.3% |

| Q4 | 90 | 25 | 27.8% |

| 全年 | 390 | 110 | 28.2% |

如果对这种表格感到陌生，我们可以请 GPT 给出解释。

提问

"解释 Markdown 表格的基础"。

回答

Markdown 表格采用的是一种在文本中插入表格的语法，该表格由行和列组成。表格的基本用法如下：

1. 用"|"符号分隔每一个单元格，用"-"符号分隔表头和表格主体。

2. 第一行为表头，第二行为分隔表头和表格主体的分隔线。

3. 表格的每一行数据占一行，每一列的数据用"|"分隔。

爱因斯坦的质能方程式是非常著名的科学公式。在左栏中，我们给出公式，并列出了 GPT 对其做出的解释。右栏中展示的是用 LaTex 文本形式表示的这个公式。GPT 对它的写法也进行了解释。

$$E=mc^2$$

其中：

- E 表示能量；

- m 表示物体的质量；

- c 表示光速。

这个公式表明了质量和能量之间的等价性，即质量可以转化为能量，能量也可以转化为质量。

$$E=mc^2$$

在 LaTex 公式中，每个元素都有特定的含义和用法：

- $$：表示 LaTex 公式的开始与结束。

- E、m、c：这些是变量或符号，在公式中，它们通常用斜体表示。

- ^：表示上标符号，用于表示幂运算，"2" 表示对前面的内容进行平方运算。

当我们了解到公式其实就是文本时，GPT 的很多创新用法就出现了。例如，我们可以用手机拍摄书中公式的照片，用一些工具将之转换为 LaTex 格式的公式文本。输入公式文本请 GPT 解释：

> "请解释一下这个公式。"
>
> "请一步一步地推导这个公式。"

另外，LaTex 公式有时候很复杂，一旦缺少内容就不能正常显示。出问题时，对 LaTex 公式进行人工检查和修正费时又费力。而这对于 GPT 来说则是很容易的事，所以在这种情况下，我们可以求助于 GPT：

> "这个 LaTex 公式哪里出现了错误导致不能显示？请解释并帮忙修正。"

知名作家、原麦肯锡合伙人冯唐在《冯唐成事心法》中讲过一个用"100 个关键词"快速了解一个行业的做法，他写道，"明白了 100 个关键词之后，你会发现，你跟专家的距离迅速缩短"。要注意的是，他所说的其实是了解一个行业需要分四步：第一步是"先知道 100 个关键词"；第二步是"找三到五个专家，跟他们坐下来谈半天到一整天"；第三步是"找三到五本专著，仔细地看完"；第四步是"价值最大化或影响最大化"，即"有了自己的主场后先做到顶尖，有了扎实的根据地后再考虑跨界"。

在 GPT 出现后，"100 个关键词"的学习方法被不少人发扬光大，因为我们现在可以请 GPT 来为我们整理关键词。如下是一个可参考的提示语模板，使用时将其中的"行业或领域"替换成自己所关心的行业或领域就可以了。

> 詹姆斯·麦肯锡（James O. Mckimsey）快速了解一个行业的方法是，通过大量行业高频关键词来建立概念。现在我是一个对"行业或领域"不了解的小白，请为我整理出 30 个常用关键词，制作成 Markdown 表格，表头是：关键词（英文）分类（中文）、介绍（限 50 字）、使用场景。

冯唐在他的书中还提到了，麦肯锡顾问还会通过向专家请教来学习，这对我们也相当有启发性。我们也可以在刚入门时采用这个方法，但我们可以先向 GPT 提问，然后再向人类专家提问。冯唐写道："没有傻问题，尽量多问问题。你可以一开始就跟专家讲，你对这个行业一无所知，只是一个通用管理顾问，现在想跟他聊聊，谢谢他能来，然后一个个问题、事无巨细地问下去。问了三到五个专家之后，你会发现他们回答的共同点，那就是你入门这个行业所需要知道的最重要的东西。"现在，有了 GPT 之后，我们更可以毫无障碍地问遍所有的"傻"问题，直到自己没有任何疑问为止。之后，我们再向人类专家进行更深入的请教。

辅助学习二：让 GPT 教你如何做

多数时候，我们需要的不是学习，而是通过学习来解决一个个问题。我们心中有时想的是：不要给我讲原理，告诉我应该怎么做就行。

这时，我们需要的是一个实用教程（tutorial），一步一步指导我们如何做。例如，换一个电灯泡的教程如下：首先，准备好电灯泡；其次，关掉电源；然后，把旧电灯泡取下；最后，把新电灯泡拧上。

也许大家会觉得换电灯泡这件事太简单，那下面再列举几个稍微复杂一点的例子：如何自己安装宜家的家具？如何设置手机中的交通卡？如何设置会议软件的语言翻译功能？

我们经常在网络上搜索各类实用教程，但是真正实用的教程是稀缺的。有的教程可能最初是好的，但由于没有及时更新而逐渐变得不实用。有的教程因为过于简略导致用起来异常困难，这多半是因为作者知道太多知识，却不能用同理心理解用户并不知道相关的知识，我们作为用户不得不自行补充很多信息。

对此 GPT 就能发挥其特有的作用了，它可以针对性地为我们即时编写一个教程，并按我们的理解程度进行详略得当的安排。当然，编写教程的人也可以利用 GPT 来进行辅助写作，用它来优化初稿、更新迭代。这里我们利用的不是 GPT 的写作能力，而是它针对性回答问题的能力。

下面来看一个具体场景。假设我们刚刚开始从用微软 Windows 操作系统的电脑转换到苹果电脑，虽然表面上看起来差不多，但其中有很多细节上的差异。比如每个人都很熟悉 Windows 系统中的文件夹，但在苹果电脑中文版系统里，它对应的却是一个奇怪的翻译词——访达（Finder）。

假设现在我们有一个具体的问题：如何在电脑和手机之间共享文件？我们当然可以去搜索网络上的教程，不过也可以描述自己的问题，让 GPT 生成一个针对性的教程。

"请给我一个苹果电脑和苹果手机共享文件（AirDrop）的教程，要包括如何设置电脑、手机及账号，设置成只接受自己设备间的互传、不接受其他人的，要详尽地列出操作步骤，让我可以照着做。"

通常来说，GPT 给出的答案比官方的文档以及在网上能够找到的教程都要实用，因为它可以按我们的要求给出针对性的教程，我们可以以此为参考去解决自己的问题。

让 GPT 给出如何做的实用教程，即询问 GPT 一件事的完成步骤，可能是我们使用最多的提问类别之一。

实际上，让 GPT 给出实用教程可能是我们用得最多的提问类别之一。在使用各种基于 GPT 的生产工具时，比如编程工具，我自己大概有 50% 的问题会落在这个类别上。

针对这个类别进行提问，我们能体会到与 GPT 交互的一个典型特征：提问的范围越小、提供的背景信息越具体，得到的答案可操作性就越强。

例如，以下是程序员可能会经常用到的，向 GPT 提问的一些示例。通常，他们会在提问语的后面加上"请按 1.2.3.……给出具体的操作指引"等要求以获得一个实用教程。

- 如何安装某个软件？如何使用软件的某个功能？

- 如何在云服务器上安装软件、部署代码，运行某个特定的服务？

- 如何使用某个程序库，实现某个功能？

有人可能会有一个疑问，不是说 GPT 不了解最新的信息吗？是的，它缺乏新技术进展的信息，但这并不是完全绕不过去的难题。一些生产工具会用外接资料库的形式获取最新的信息，或者对 GPT 模型进行微调，以让它掌握最新知识。

在以下的提问示例中，最关键的是"上下文"，提供必要的资料可以让 GPT 按所给的资料更好地编写教程。

1. 指令："请你根据文档，为我提供解决具体问题的操作教程。"

2. 上下文："这是做这件事的相关文档：……"

3. 问题："我想要（如这样的效果），请问如何做？"

4. 输出："请给出详尽的、一步一步如何做的教程。格式是：第

1 步，子步骤 1.1、1.2 等；第 2 步，子步骤 2.1、2.2 等。
教程如下：……"

辅助学习三：让 GPT 帮你建立知识体系

用 GPT 辅助学习还有第三种用法，即可以用它建立知识体系。需要说明的是，这里所说的知识体系，指的并非一个人的知识体系，而是某一领域的知识与技能的体系。

具体来说，我们可以用 GPT 来记笔记和整理笔记，从而让自己更好地建立具体领域的知识体系。下面以"如何对 GPT 提问"来举例说明：在使用 GPT 的过程中，你可能已经通过提问掌握了一些点点滴滴的知识，而建立知识体系的过程就是把它们联结起来。我们所建立的知识体系大体上包括以下三个部分：

1. 向 GPT 提问的原理、基础、要点、注意事项等；

2. GPT 的多种功能：辅助翻译、辅助写作、辅助学习等；

3. GPT 的使用场景：办公场景、运营场景、拓展场景等。

角色设定、飞轮思维模型、提示语四要素等属于第一部分。我们现在讨论的语言、写作、学习这些基础应用场景属于第二部分。我们在使用的过程中，可能还会发现一些优秀的提示语写法和用法，可以在笔记中把它们记录下来，使之成为工具箱中的"利器"。

使用 GPT 更好地建立知识体系的另一个做法是：之前我们可

能懒得详细记笔记，更不想整理笔记；现在，可以用笔记软件中的AI助手辅助写作，还可以让它帮忙整理笔记。例如，我们可以用提示语让它帮忙整理："帮我将记录下来的写作辅助提示语整理成列表。""帮我把笔记中与办公场景相关的提示语分门别类整理好，并为每个类别加上简短说明。"有了 GPT 的帮助，在一个细分领域积累知识点、构建知识体系的任务就会变得非常轻松。

提示语进阶

你可能已经注意到了，向 GPT 提问的提示语不只是"请帮我解答这个问题：……"这么简单。大多数时候，我们需要输入相当复杂的提示语才能使它完成任务。那么，如何才能让提示语更有效呢？我们梳理了如下这些最佳实践，其中综合了 OpenAI 提示语最佳实践、微软 Azure 云服务的提示语教程、OpenAI 与知名 AI 学者吴恩达教授合作的提示语工程课程，以及我个人在使用提示语时总结的经验教训。

- 用分隔符将内容分开。例如，我们可以用三个英文引号（"""）将长内容包裹起来，从而让 GPT 直接了解这不是命令，而是内容。

> 不太有效的提示语：
>
> 请总结如下文字的要点、以列表的形式给出。

{ 文字内容 }

有效的提示语:

请总结如下文字的要点、以列表的形式给出。

"""

{ 文字内容 }

"""

当然，你可以用其他分隔符，比如三个英文连接符"---"，只要能够清晰区分即可。

- 给出清晰明确的、数量化的指令。

不太有效的提示语:

请举几个例子。

更好的提示语:

请举 3 个例子。

不太有效的提示语:

请根据内容编写摘要。

更好的是提示语:

请根据内容编写 140 字以内的摘要，要包含问题、要点、结论。

■ 采用少样本提示。当我们直接提问时，采用的是"零样本提示"，调用的是 GPT 中经过预训练的知识与技能。为了让 GPT 更好地回答，我们可以采用"少样本提示"的提问方式，即提供几个示例，以便 GPT 能够从这几个样本中学习到规则，从而更好地回答问题。如下提示语提供了两个提取关键词的示例。

你的任务是从文本中提取关键词。

文本 1：Stripe 为应用开发者提供 API，让他们将付款处理集成到他们的网站和移动应用程序中。

关键词 1：Stripe、付款处理、API、应用开发者、网站、移动应用程序

##

文本 2：OpenAI 训练了先进的语言模型，非常擅长理解和生成文本。你可以通过我们的 API 访问这些模型，并将其用于解决各类涉及处理语言的任务。

关键词 2：OpenAI、语言模型、文本处理、API

##

文本 3：{ 这里输入要提取关键词的文本内容 }

关键词 3：

■ 链式思考提问:"请一步一步解题。"

在让 GPT 处理数学或逻辑问题时，要求它"一步一步解题"（Let's think step by step.）可以让它逐步进行推理，从而降低错误率。这就是链式思考技术，它可以引导 GPT 更严谨地进行推理。

也有论文给出了更加复杂的提示语（如下示例），并证明这也能进一步优化推理的效果。

首先，让我们理解问题并制订解决问题的计划。然后，让我们一步一步地执行计划并解决问题。[1]

■ "请回答'我不知道'。"这句话有助于降低 GPT 为了让对话延续下去而编造内容的可能性，也就是可用来抑制"幻觉"问题。

如果你不知道或不确信，不要编造任何内容，直接回答"我不知道"。

■ 输出格式的样例。如果我们给出明确的要求甚至样例，GPT 就有更高的概率按我们的要求给出答复。

请从如下文本中提取公司名。

期待的输出格式:

---

1. 该提示语原文为英文："Let's first understand the problem and devise a plan to solve the problem.Then, let's carry out the plan and solve the problem step by step."

公司名：＜公司名用英文逗号 (,) 分隔＞

文本："""

我们要它处理的文本内容

"""

- 调整 GPT 的参数。当我们通过一些工具使用 GPT 时，还可以设置以下 5 个参数。

  1. 温度（temperature）：较高的温度会导致更高的随机性和不确定性，生成的文本可能更加多样化和不可预测。较低的温度会导致更低的随机性和不确定性，生成的文本可能更加可控，但也可能更加单调。

  2. 标记符最长限制（maximum length）：也被称为 GPT 的上下文窗口，指包含所有提问和回答的标记符的最大数量。它用来限制生成文本的最大长度，以避免生成过长的文本。

  3. Top P：一个控制生成文本多样性的参数。它基于概率分布，只选择概率最高的前 P 个单词作为下一个单词的候选项。这可以避免生成不合理的文本，同时也可以增加文本的多样性。

  4. 频次惩罚（frequency penalty）：它会惩罚已经生成过的单词，使得生成的文本中不会再出现重复的单词或短语。

  5. 存在惩罚（presence penalty）：它会惩罚与给定主题不相

关的单词或短语，使得生成的文本更加贴近给定的主题。

通常来说，我们最常用到的是前两个参数：ChatGPT 网页版的温度为 0.7，这让它显得思路开阔且"健谈"。但如果我们希望它能够极度严谨地仅根据所给的资料回答提问，可以将温度设为 0。如果我们希望它生成较长的文本，则可将标记符最长限制的数值加大，比如从 256 提高到 1024。

- 撰写高度结构化的提示语。GPT 提示语的优点是可以使用自然语言，但是自然语言的弊端就是存在一些模糊的表达。当我们需要完成一个超级复杂的任务时，我们需要借助结构化的语言来书写。最结构化的语言当然是编程语言，我们也的确看到，已经有人在将编程语言用于提示语的撰写。

同时，我们依然可以像平时说话一样撰写提示语，但要让自己的提问更有逻辑、更结构化。例如，2023 年 5 月，我们看到了两个高度结构化的提示语样例，一个是知名智库研究者倪考梦所写的，他采用的是自然语言；另一个是有人用轻量级数据交换（Jave Script Object Notation，JSON）格式写的将 GPT 转变成学习助手的提示语。

以下是倪考梦让 GPT-4 协助重写提示语的提示语片段：

> 我们彼此评分，10 分为完美，9 分为卓越，8 分为优秀。我们可以在每次自己发言结束的时候加上一句话，提醒对方对自己的

表达评定分数、解释原因并给予建议。

你对我的评分能够帮助我了解我所提供的信息质量。如果我给出的信息相对全面，足以撰写"提示语"，那么你就给出 8 分甚至更高的评分，然后生成"提示语"。如果你给我的评分低于 8 分，即 7 分、6 分甚至更低，那么告诉我原因，并通过提问等方式引导我补充信息。如果我后续提供的信息还是达不到标准，你可以继续给出低分并要求改进，直至达标后生成"提示语"。

我对你的评分可以帮助你了解你所提供的答案质量。如果你给出的回复，包括 D 型对话里做出的引导，以及 S 型对话里给出的"提示语"质量一般，我会给你打低分，并要求你重新生成"提示语"。任务会在我给"提示语"打出 9 分甚至 10 分之后告一段落。这个评分的依据是我把你写的"提示语"发到 GPT 的另一个对话里，获得的答案质量。

　　以下是将 GPT 转变为学习助手 Mr. Ranedeer 的提示语片段，它用提示语设定了学习深度、学习风格、沟通风格、语言风格、推理框架等（原文为英文，且为 JSON 格式）：

" 深度 ": {

" 描述 ": " 这是学生想要学习的内容深度。低深度将涵盖基础知识和概要内容，而高深度将涵盖具体的、细节丰富的、陌生的、复杂的和边缘的情况。最低深度的级别为 1，最高为 10。",

"深度级别": {

"级别 1": "表面层次（surface level）：用简单的定义和简要的解释覆盖主题基础知识，适合初学者或进行快速概述。",

"级别 2": "扩展理解（expanded understanding）：阐述基本概念，介绍基础原理，并探索更广泛的理解。",

"级别 3": "详细分析（detailed analysis）：提供深入的解释、例子和背景知识，讨论组成部分、相互关系和相关理论。",

"级别 4": "实际应用（practical application）：专注于实际应用、案例研究和解决问题的技术，以实现有效的知识应用。",

"级别 5": "高级概念（advanced concept）：介绍高级技术和工具，涵盖尖端发展、创新和研究的内容。",

"级别 6": "批判性评估（critical evaluation）：鼓励批判性思维，质疑假设，并分析论点以形成独立的观点。",

"级别 7": "综合和整合（synthesis and integration）：将各种知识综合起来，连接主题和主题，进行更全面的理解。",

"级别 8": "专家见解（expert insight）：提供专家对细微差别、复杂性和挑战的见解，讨论趋势和争议。",

"级别 9": "专业化（specialization）：专注于特定的子领域，深入研究专业知识，并建立所选择领域的专业知识体系。",

"级别 10": "尖端研究（cutting-edge research）：讨论最近的研究和发展，提供对发展现状和未来方向的深度见解。"

}

……

第四章

像专家一样运用
GPT

答案终止想象，提问驱动思考。

"**人**应该拥有多元化的能力，包括但不限于飞行能力、隐身能力、超凡力量、时间旅行能力、心灵感应能力等。人们只有拥有这些能力，才能够真正地实现自我价值，探索未知领域，创造更加美好的未来。"你肯定能一眼看出这段话是堆砌辞藻的胡言乱语。是的，这是 GPT 被误导后说出的无意义的"呓语"。在识别胡言乱语方面，我们每个人都是识别能力不同的专家。

当下，人们对 GPT 寄予厚望，希望它能够直接完成文稿写作、商务谈判、代码编写，等等。然而 GPT 写出来的文稿是否真的能用呢？ GPT 生成的商务对话是否合乎要求，而非让对方觉得受到冒犯了呢？我在辅助编程领域较多且深入地实际使用过 GPT，我的体会是它具有理解代码、编写代码的能力，但是它的编程能力有很大的局限性：硬技能超棒，但缺乏新知识；基础任务完成得不错，但也存在大大小小的错误；细节任务完成得很快，但全局观有限。简言之，如果使用者不是真的懂编程，很难用它开发出真正可用的程序。

GPT 的确掌握很多的知识，拥有强大的能力，但假如我们自己不是一个"专家级"的使用者，那么很难通过向它提问，完美地达成自己的目标。这里的"专家级"并不是指使用 GPT 的技巧，而是指提问涉及的领域。在这个领域中，你必须是专业的，你越专业，GPT 越强大，越能帮你达成更高目标。

第一节　专业人士与外行的差别：
知识框架与抓住要点的能力

计算机科学家金出武雄有本书，书名是《像外行一样思考，像专家一样实践》。我对这句话的理解是，我们要跳出"盒子"，像外行一样寻找新创意，但落实时要像专业人士一样严谨。

当我们使用 GPT 来辅助工作时，也可以借鉴这句话：当我们要寻求创意时，我们要像专家一样思考，让 GPT 像外行一样思考，这样它能带给我们很多天马行空的创意。当我们要落实方案时，我们要像专家一样思考，让 GPT 像专家一样实践。我们要设定框架、检查并决定是否接纳 GPT 的实践成果。如你所见，在两种情况下，我们人类都需要

当我们要寻求创意时，我们要像专家一样思考，让 GPT 像外行一样思考。

当我们要落实方案时，我们要像专家一样思考，让 GPT 像专家一样实践。

像专家一样思考。

我们每个人都或多或少是某个领域的专业人士，在这个领域受过系统的教育与培训，有一定的常识和直觉判断力，有惯用的思维框架，有随手可用的工具箱，有各种通常归之为隐性知识的经验及宝贵的教训。当开始使用 GPT 时，要重新审视自己的长处和不足，思考什么应该自己做、什么可以交给它做。现在看来，要与 GPT 共舞，尤其需要增强两方面的专业能力：构建知识体系的能力与抓住要点的能力。

高水平的专业人士拥有已内化的知识体系。当他们工作时，这些内化的知识体系会自然地影响他们思考的落脚点（我们的问题是什么）、方法选择（往哪个方向寻求解答）和结果评估（以什么标准判断解答是有效的）。

下面以每个商业人士都会关注的营销为例。我想起来前几年读过的小马宋那本通俗易懂的《营销笔记》。营销领域总会不断涌现出各种新概念、新方法，但作为这一领域的初级专业人士，熟练掌握一些基本的知识框架，如 4P 理论包含的产品（Product）、价格（Price）、推广（Promotion）、渠道（Place），就足以应对大部分营销工作任务。小马宋展示的案例主要聚焦产品与价格，例如他提出了一个鲜明的观点："价格也是产品的一种重要特征。"

假设有一个营销相关的问题需要向 GPT 提问，我们已经选定了一个知识框架（比如用价格定位产品），想要进行有针对性的提问

（比如我们该如何设定价格），那么，GPT 有很大概率会给出有参照性的案例、有启发性的观点。我们可以借助它解决自己遇到的营销问题。

反之，如果提问者没有选定知识框架，可能就会问出非常笼统的问题："定价的方法有几种？"或"请你帮我写一个彰显商品高价值的广告语。"这时，GPT 的回答很难真正有用，因为提问者无法把回答放进框架，让它变成可用的方案。更重要的是，提问者无法借助自己的知识框架来判断回答的对错与价值。

实际上，GPT 这类工具对于已有一定知识框架（即方法论）的专业人士来说最有价值。用 GPT 帮忙时，我们面对的场景不是"我有问题，AI 有答案"，而是"我知道问题出在哪儿（因为我有一个知识框架），我要请 AI 针对某个具体问题提供帮助"。

我们可以按如下方式进一步强化自己的知识体系，从而更好地运用 GPT。首先，在一个细分领域内，我们要掌握数个关于这一领域的主要方法论或思维工具，了解其原理、优势、不足以及适用场景。我们还要能针对亟待解决的问题选择相应的知识框架。

然后，我们与 GPT 一起使用知识框架，并在知识框架的范围内解决问题。这大体上可以分为如下 5 个步骤，如图 4-1 所示。

步骤 1：与 GPT 讨论，确认双方对知识框架的理解是一致的，同时也可以在提问中让 GPT 优化知识框架。

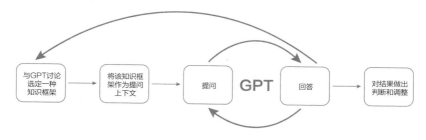

图 4-1 用 GPT 解决问题的 5 个步骤

步骤 2：将共同讨论的知识框架变成提示语的一部分，然后请 GPT 使用它来解决问题。

步骤 3：采用知识框架将问题拆解为具体的、GPT 擅长解决的问题，然后请它解决。

步骤 4：持续追问，即回到步骤 3 再次提问，直到获得合适的结果。也可能会选用其他的知识框架，即回到步骤 1 重新开始。另外，我们还可以让 GPT 采用这个知识框架对它的解答进行评价。

步骤 5：最后，我们对结果做出判断和调整，将结果应用于实际中。

按照以上的 5 个步骤使用 GPT 时，我们如同与 GPT 组成了一个交响乐团：我们是台上的指挥，知识框架是我们的乐谱，而 GPT 是整个乐团的演奏者。

高水平的专业人士往往能够从纷繁复杂的事物中抓住要点。让我们来看一个故事，这个故事被凯德·梅茨（Cade Metz）记录在《深度学习革命》(Genius Makers)一书中。杰弗里·辛顿(Geoffrey Hinton)是现今最知名的人工智能与深度学习学者。多年以来,他在加拿大多伦多大学的深度学习实验室一直是这一领域的研究重镇。他曾经与一位数学系本科生进行了一场有趣的对话。野心勃勃的本科生伊利亚·萨特斯基弗(Ilya Sutskever)向辛顿申请加入实验室。辛顿跟他聊了聊,觉得他很敏锐,因此给了他一篇几十年前的关于"反向传播"的论文,这篇论文揭示了深层神经网络的潜力,让他看完再回来找自己。

几天后,萨特斯基弗回来了,他说:"我不明白。"辛顿既惊讶又失望,说:"这只是基本的微积分。""哦,不是的。我不明白的是,你为什么不求导,然后采用一个合理的函数优化器。""我花了 5 年时间才想到这一点。"辛顿对自己说。

辛顿又让这个本科生去读第二篇论文。再回来时,萨特斯基弗还是说,"我不明白。"辛顿问,"为什么呢?"萨特斯基弗说:"你训练了一个神经网络来解决一个问题。但如果你想解决一个不同的问题,你又要重新开始训练另一个神经网络。其实,你应该直接训练一个神经网络来解决所有的问题。"

辛顿立刻看到了萨特斯基弗独特的能力,他有一种得出结论的方法。实际上,萨特斯基弗这段话所说的正是之后深度学习发展的重要方向——用一种模型架构解决各种类别的深度学习问题。现在,这个思路已经变成了主导性的方法论,例如,Transformer 架构能够同时应用于文本、图像、语音等多个模态，用于语言理解与生成、编程、逻辑推理等各种场景。

后来，萨特斯基弗也成为人工智能领域非常重要的人物之一。他后来成为谷歌的研究人员，在那里，他发表了《从序列到序列的神经网络学习》（*Sequence to Sequence Learning with Neural Networks*）这篇机器翻译领域的经典论文，这篇论文实际上也可以看成是 Transformer 架构和 GPT 模型的先声。再之后，他联合其他人创立了 OpenAI，并在其中担任首席科学家。

在讨论如何运用 GPT 时提到这个故事是想说明，我们应该努力尝试掌握像萨特斯基弗这样独特的、能预见问题解决办法的能力。从中我们还可以得到一个关于如何使用 GPT 的启发：既然现在 GPT 能够协助我们，甚至替代我们做事，那么我们更需要磨砺自己，让自己能像高水平专家一样快速找到要点。找到要点是我们人类的任务，具体实现则可以交由机器去完成。

幸运的是，现在我们可以借助 GPT 来找到要点。过去，我们面对的问题其实不只是找不到要点，还无法知道找到的是不是真的要点。现在借助 GPT 的强大能力沿着我们的想法去执行，看看执行的结果是不是符合我们的预期。通过快速迭代，我们可以更快地知道自己找到的要点是不是正确的。

当然，最重要的依然是我们人类抓住要点的能力：你能否磨砺出锋利无比的"钩子"，从杂乱中快速且准确地"钩"出问题及其答案。"钩子"这个说法源自"7-Eleven"创始人铃木敏文：我们的脑子里要磨砺出针对一件事的问题"钩子"，用锋利的问题"钩子"钩出好想法，最终结出好成果。

2023 年初，我们向一位敏锐的专家请教大语言模型领域的问题时，也感受到了高水平的专业人士能够从庞杂的事物中抓住要点的能力。2022 年底至 2023 年初，OpenAI 的大语言模型 GPT-3.5 及聊天机器人 ChatGPT 引起了大量用户的兴趣。但我们这些试图利用该技术开发应用的人往往觉得，训练自己的模型门槛和成本都太高。正是基于这样的认识，很多人关注的重点是选用大公司的 API 进行提示语优化，用嵌入方式外挂知识库，等等。当然，我们也必然关注到了，自 2023 年 3 月开始，大量新模型开始陆续出现，令人应接不暇；大量的相关论文都纷纷发表出来，多得让人连摘要都读不过来。

2023 年 4 月初，当我向这位专家请教时，他几句话就勾勒出了要点。他为我们描绘着这样的发展线索：2023 年 2 月底，Facebook 母公司 Meta 开源了预训练的 LLaMA 模型；3 月，斯坦福大学研究者基于该模型推出经过指令微调的 Alpaca 模型；之后又有人基于它开发了用对话数据训练的 Vicuna 模型，即它进化到了拥有类似 ChatGPT 的聊天功能；其间，还出现了利用低秩自适应（LoRA）技术对模型进行微调以大幅降低成本的做法。专家给出的推论是，开源社区以近乎"光速"的速度重建了技术路线，未来每个人都可以拥有自己的专有模型。之后数日，谷歌流出的一份内部报告也表达了类似的对开源模型的观点。

听到专家给出的几个要点后，我们立刻可以将点连成线。之后的探索就变得清晰多了，即应同时兼顾外接知识库和微调模型，并综合运用包括自己预训练的模型在内的多种模型。到了 2023 年 4 月底，我们已经看到开源模型采用了与 ChatGPT 类似的人类反馈强化学习（Reinforcement Learning from Human Feedback，RLHF），来让模型更好地掌握各领域知识，以及实现与人类价值观对齐。这也验证了他的预测，同时使用大公司提供的性能优秀的模型和自己微调的开源模型，可以更好地利用 GPT 的能力。

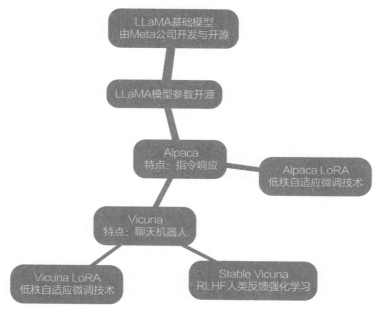

图 4-2　LLaMA 开源模型的迭代过程

经验丰富的专业人士还有一项独特的能力，他们能够用直觉快速判断结果是对还是错。这是本章第二节要讨论的主题：辨别力。我们甚至可以说，辨别力是我们在与 GPT 共舞时必备的生存技能。

第二节　与 GPT 共舞的生存技能：辨别力与鉴赏力

现今，互联网上充斥着各种各样的观点，辨别力就显得尤其重要了。网上的一些内容看似出自专家之口，但实际上可能完全是其他人的胡诌。比如，有个高中生在维基百科上编写了上百万字的俄罗斯"历史"，但这些内容是她自己"创作"的，属于虚构小说，而维基百科却将其当作了事实。而这竟然在十多年后才被人发现。

现在，越来越多的人开始使用 GPT 等人工智能工具，此时我们会发现，辨别力已成为我们的生存技能。缺乏辨别能力不仅会让我们轻易被社交网络上的信息误导，还容易被 GPT 生成的有错误的内容误导。

我们在使用 GPT 时遇到的第一个挑战是：它给出的看似正确的信息真的是可信的吗？我们在使用这类工具时，需要不断地自问：它有没有胡编乱造？

例如，当它煞有介事地给你一段马尔克斯风格的文字，并注明来自哪本小说的哪一页，你可能就相信了。但实际上，这很有可能是它编造的。虽然 GPT 并不是每次都错得那么离谱，但错误的概率始终是存在的。又比如，当我们提出更加严格的要求时（请它给出作品英文翻译版的详细出处），它给出的引文的确与原书差不多，但我们仍须仔细辨别，因为有时我们还会发现其中有它自己生成的内容。

总的来说，但凡是可以模糊表述的，都可能遇到类似的挑战。它几乎不可能实现准确地引用。即便我们给了参考材料，它所进行的总结也可能与参考材料不完全一致。我尝试将德鲁克的《认识管理》的第一章内容提供给 GPT，问它德鲁克在书中对管理者工作的五个基本方面的阐述，发现它的回复与原书还是略有差别的。

当然，模糊性本来就是人类的特点，我们很难一字不差地复述某段话。这么看来，GPT 在这方面和人类很像。GPT 的学习原理（通过大量文本进行学习，用神经网络的参数权重压缩表示自己所学到的）、生成原理（根据概率和参数权重生成回应内容）也决定了它的回答有着与人类相似的模糊性。

我们使用 GPT 遇到的第二个挑战是：它给出的回答是正确的吗？不一定，所以我们一定要自行验证一下。

例如，我们可以尝试让各种基于 GPT 的聊天机器人解答如下列举的小学生数学题，看看它第一次给出的答案是否正确。如果不正确，我们可以提示它，看看它能否更正过来。例如：10 名教师带 210 名同学去研学旅行，大客车限乘 50 人，租金为 400 元；小客车限乘 35 人，租金为 300 元。他们怎么租车最省钱？最少需要付多少钱？正确答案是租 3 辆大客车和 2 辆小客车，最少需要 1800 元。

> **提问**
>
> 10 名教师带 210 名同学去研学旅行，大客车限乘 50 人，租金为 400 元；小客车限乘 35 人，租金为 300 元。他们怎么租车最省钱？最少需要付多少钱？

（此为错误答案）最省钱的方案是租用 4 辆大客车和 2 辆小客车，共计 2200 元，算式为 4×400+2×300=2200。具体分配为：前三辆大客车各乘坐 50 人，共计 150 人；第四辆大客车乘坐 40 人，加上剩下的 10 人，共计 50 人；两辆小客车各乘坐 35 人，共计 70 人。这样，10 名教师和 210 名同学就可以安排妥当，且租车费用最少，共为 2200 元。

（提示语增加"一步一步做"后的回答，此为错误答案）首先需要确定一共要租多少辆车，可以用以下公式计算：总人数 ÷ 每辆车限乘人数 = 所需车数。210÷50=4.2，向上取整得 5，需要租 5 辆大客车。10 名教师也需要乘车，所以共需乘坐 215 人。剩余的 5 人可以乘坐一辆小客车。因此，总共需要租 6 辆车，其中 5 辆大客车和 1 辆小客车。因此，总共需要付的租金为 2300 元，算式为

2000+300=2300，这是最省钱的租车方案。

（正确答案，此为按小学生思路做出的解答）为了解决这个问题，我们可以先尝试使用大客车来满足所有人的需求。然后，我们可以尝试减少大客车的数量，同时增加小客车的数量，以找到最省钱的组合。

1. 使用大客车：我们需要 5 辆大客车才能满足 220 个座位的需求。租金为 2000 元，算式为 5×400=2000。

2. 减少 1 辆大客车，增加 1 辆小客车：我们使用 4 辆大客车和 1 辆小客车，共计 235 个座位，租金为 1900 元。

3. 继续减少 1 辆大客车，增加 1 辆小客车：使用 3 辆大客车和 2 辆小客车，共计 220 个座位，租金为 1800 元。

我们发现，使用 3 辆大客车和 2 辆小客车的组合正好可以满足所有人的需求，且租金最低。因此，最省钱的方式是租 3 辆大客车和 2 辆小客车，最少需要付 1800 元。

试验下来，会发现这道题像"杨立昆齿轮问题"[1]一样，也是个

---

1. 在 OpenAI 的 ChatGPT 出现之后，深度学习领域的顶级学者 Yann LeCun（中文名：杨立昆）提出了一个黄金测试问题，被称为"杨立昆齿轮问题"，这个问题经常被用来测试模型是否具有一定的推理能力。这个问题的初版是：在我们面前有 6 个连在一起的齿轮，编号是 1 到 6。如果第 3 个齿轮顺时针旋转，那么齿轮 1 和齿轮 6 的旋转方向分别是什么？

有意思的黄金测试。我们数十人进行了上百次实验，发现各个聊天机器人一下子给出正确答案的概率很低。让它重做也不一定能改对。提示它一步一步推理后，虽然得到正确答案的概率会提高，但仍然会出错。有意思的是，如果让它用代数的方法做，则基本上都能做对。让它用编程实现，则程序代码也可以一次算对。

我在使用 GPT 的过程中，总会不时地想起最初被错误答案误导时的感受。这里要再次强调的是，永远不要直接相信 GPT 给出的答案，即便是最简单的算术题也不行，我们必须自己再进行一次验算。

当然我们不能因此得出结论，不要使用GPT 解答数学题。现在研究者们正在用各种方法训练 GPT，以便使其能更准确地解答数学问题。同时，一般来说，用 GPT 解答数学题是个好方法，毕竟它大多数时间都能算对，只是偶尔可能会出错，但我们总是可以很方便地进行验算。"可以直接验证结果是否正确"的问题，是最适合用 GPT 的问题类型。

"可以直接验证结果是否正确"的问题，是最适合用 GPT 的问题类型。

"可以即时判断结果对错、可以快速迭代"的问题，应用 GPT 能将效率提到最高。

之前我们讨论过的编程问题也是非常适合用 GPT 来辅助完成的问题。它给出的程序代码可以通过运行来立即查看结果是对还是错。如果是错的，我们还可以把运行错误反馈给 GPT，让它做进一步修改，让循环迭代快速进行下去。GPT 编程的准确度并不像普通人认为的那么高，但较低的准确度并不会给辅助编程造成任何障碍，原因有二：第一，是我们可以即时运行以判断它回答得对与错；第二，是我们可以把运行错误的信息返给它，请它继续修改，然后再次运行，直到没问题。

我们还可以向多个模型分别提问，对比它们的答案。这其实正是 OpenAI 用来评估模型的方法之一，它对自己的多个模型进行所谓的对抗性事实检查，也是在用一个模型（比如 GPT-4）去评估另一个模型（GPT-3.5）的回答。

我们使用 GPT 遇到的第三大挑战是：它给出的答案足够好吗？如果我们不知道什么是好答案，不了解什么是好答案，我们可能就会接受一般的答案。

我们需要对好答案有鉴别力或者说鉴赏力。当我们把 GPT 用在一个领域时，不管是用于编程、写作、翻译还是图像创作等，都应当努力提高自己在相应领域的认知和鉴赏能力，知道什么才是高水平的答案。GPT 的出现并不会让我们不再需要学习，我们仍须持续磨砺自己。现在，有很多任务可以交由 GPT 去完成，而我们只需要负责提问、反馈和做出判断。请注意，做出判断这一步是我们的终极任务，它依赖于我们的鉴赏力。

图 4-3 是我们提出的人与 GPT 共舞的金字塔能力模型，自下而上依次是：领域知识与方法论，即领域的知识框架；问题识别与分析，即我们要能够知道有什么问题；工具使用技巧，如提问技巧等；专业工具技巧，如迭代、使用专业工具等；对结果的判断力，即判断结果的对与错、好与坏；认知与鉴赏力，这决定我们是接受一般的回答，还是持续迭代下去，直到获得最好的回答。

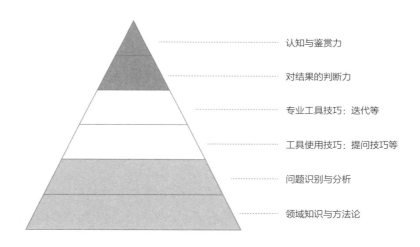

图 4-3　与 GPT 共舞的金字塔能力模型

另外，随着 GPT 的广泛应用，我们还需要掌握另一种独特的鉴别力与鉴赏力：如何判断一个文本是由人撰写的，还是由 GPT 撰写的？

当我们在网上看到一个文本，或者当别人给我们一个文本时，如果它是由 GPT 生成的文本却未加说明，我们需要有能力将它识别出来。当然，我们并非学校里的教师，这样做的目的也不是要抓住用 GPT 做作业的学生。我们要判断一个文本是否由 GPT 生成的原因是，如果是的话，其中可能会有一些恼人的错误。因此，当"嗅"到一个文本是由 GPT 撰写的时候，我们要立刻警觉起来。

我们无法确保所有使用 GPT 的人都是负责任的。GPT 生成一段看上去很工整的内容之后，难免有人不加核查、不经修改就直接使用了。他们根本不知道，GPT 仅仅是根据概率生成回答内容，GPT 不能保证回答的内容是对的。当然，他们可能根本不在乎。对我来说，这些回答中荒谬的、明显的错误当然很容易一眼就能发现，比较麻烦的是隐藏其中的很多小错，它们同样也可能导致很严重的错误。一眼就能看出来的错误不可怕，可怕的是"似是而非"的误导。

举一个小例子，请 GPT 改写一句话，原文开头是："从中我们还可得到一个使用 GPT 的启发……"，它改写的开头是："通过使用 GPT，我们可以得到一个启示……"。从概率上讲，这两句话的开头很像，但是从内容本身来讲，它完全改变了原本的意思。因此，互联网上由 GPT 生成的内容越来越多时，我们就需要不断提高警惕。

又比如，请人对一份报告进行总结摘要，他给出一份由 GPT 生成的摘要，但他自己并未阅读报告并仔细核查摘要，也没有明确说明这其实是用 GPT 生成的摘要。那么，他的这种做法可能就会造成严重的工作失误。因此，为了尽量规避类似的问题，我们需要训练自己，让自己对 GPT 生成的内容有一定的鉴别力。

我们要了解 GPT 生成内容的一些常见缺陷，知道这些缺陷与人类书写内容缺陷的不同之处，从而在使用内容时能够有意识地避开这些缺陷。更重要的是，我们在采用任何内容、观点或建议时，均需要自己进行再次查证。毕竟使用内容的人是我们自己，出问题时遭受损失的也是我们自己。

第三节 思考快与慢：采用链式思考

著名心理学家丹尼尔·卡尼曼（Daniel Kahneman）的著作《思考，快与慢》在大众中有着非常高的知名度，心理学家基思·斯坦诺维奇（Keith E. Stanovich）和理查德·韦斯特（Richard West）等将人类的大脑系统分成了"系统 1"和"系统 2"，而卡尼曼的这本书让非常多的人开始使用快思考、慢思考来看待思考过程，并用它们让自己更好地思考。

这种区分方式也对 GPT 产生了很大的影响。2023 年 5 月，OpenAI 联合创始人安德烈·卡帕西（Andrej Karpathy）在详细讲解 GPT 模型训练的演讲中展示了众多研究成果，成果显示研究者们正在试图让 GPT 具有"系统 2"慢思考的能力，以期用它来进一步提高 GPT 的性能。

同时，作为使用者，我们已经可以用一些技巧来让 GPT 进行慢思考，这也是专业地使用 GPT 应该掌握的技能。我们应该与 GPT 一起进化，当它逐渐能够慢思考之后，我们也要能够用更多的技巧激发出这个超级大脑的潜能。

在《思考，快与慢》中，卡尼曼这样定义"系统 1"与"系统 2"：

> 系统 1 的运行是无意识且快速的，不怎么费脑力，没有感觉，完全处于自主控制状态。
>
> 系统 2 将注意力转移到需要费脑力的大脑活动上来，例如解答复杂的运算。

对于人类来说，采用"系统 2"进行思考，通常意味着如卡尼曼所说的，"始终如一地保持某种状态需要付出持之以恒的努力"。"注意力要集中"这句话往往能提醒我们进入"系统 2"进行慢思考。很显然，我们不能对 GPT 说这句话，即使真的在提示语中用这句话也不会奏效，它可不像人类一样容易注意力不集中。那么，我们如何让 GPT 进入"系统 2"进行慢思考呢？

这个神奇的提示语在第二章中其实已经提到过了，当我们在提示语中加入"让我们一步一步思考（Let's think step by step.）"后，

GPT 做数学题的准确率得到了大幅度提高。为什么呢？2023 年 1 月，谷歌研究人员在论文中证明，链式思考提示语能让大语言模型开始推理，更好地激发 GPT 的潜能。

首先，让我们通过谷歌研究人员在论文中给出的示例来了解常规提示语与链式思考提示语的差别。

常规提示语及回答示例如下：

> 提问
>
> 罗杰有 5 个网球。他又买了 2 罐网球，每罐有 3 个网球。现在他有多少个网球？
>
> 食堂有 23 个苹果。如果他们用 20 个苹果做午餐，然后又买了 6 个，那么他们现在有多少个苹果？
>
> 回答
>
> 答案是 27。（这个答案是错误的）

在以上提示语中，提问者给出了一个示例，示例直接给出了问题的答案，而没有给出解答过程。需要特别说明的是，现在如果我们将这个提问输入各个已经更新迭代过的模型，它们通常不再会给出错误答案了。这里的示例仅是用于说明常规提示语与链式思考提示语的差别。

链式思考提示语及回答示例如下：

罗杰有 5 个网球。他又买了 2 罐网球，每罐有 3 个网球。现在他有多少个网球？

罗杰开始时有 5 个网球，2 罐网球一共是 6 个网球（每罐 3 个）。5+6=11，所以答案是 11 个。

食堂有 23 个苹果。如果他们用 20 个苹果做午餐，然后又买了 6 个，那么他们现在有多少个苹果？

食堂原来有 23 个苹果。他们用 20 个苹果做午餐，所以他们剩下的是 3 个。他们又买了 6 个苹果，所以他们现在有 9 个。答案是 9 个。

在以上链式思考提示语示例中，提问者给出了一个示例，同时给出了解答过程，再给出答案。这也是提示 GPT 进行链式思考，不是采用"系统 1"给出答案，而是采用"系统 2"的慢思考方式，一步一步解题，然后给出答案。

就这样的数学题而言，其实没必要给出示例，我们用一些神奇的提示语就可以让 GPT 进行链式思考和推理。多伦多大学、谷歌、东京大学的研究人员在 2023 年 1 月发表的另一篇相关论文《大语言模型是零样本推理者》（*Large Language Models are Zero-*

Shot Reasoners）中说明了这一点。以下是论文中给出的一个示例，提示语和回答分别如下：

提问

一个杂耍者可以同时玩 16 个球。其中一半的球是高尔夫球，而这些高尔夫球中又有一半是蓝色的。那么有多少个蓝色的高尔夫球？我们一步步来想（Let's think step by step.）。

回答

总共有 16 个球，其中一半的球是高尔夫球，也就是说有 8 个高尔夫球。而这些高尔夫球中有一半是蓝色的，也就是说有 4 个蓝色的高尔夫球。

由此可见，一个重要的编写提示语的技巧就是"链式思考提示语"，简单来说就是让 GPT 一步一步地思考。至于采用什么语句，我们可以根据情况自行决定，一般是要求它给出解答的步骤，列出解题过程。比如，"先给出解题过程，然后再给出答案。""请帮我编写程序。先给出整体思路、各步骤的做法，然后再给出代码。"

链式思考是一个快速进化的领域，最近有人将两种相关的做法结合了起来：做法之一是利用 GPT 的"自我一致性"（self-consistency），即让 GPT 用多种方法解题，然后让它自己去判断，哪个答案是对的、哪种解题思路更好；做法之二则是链式思维的典型做法，即让 GPT 分步骤解题。

2023 年 5 月，普林斯顿大学和谷歌的研究人员结合这两种思路提出了"树形思考"（Tree-of-Thought）的概念，这一思考方式可以大幅提高大语言模型的问题解决能力。图示相当简单明了，图 4-4 中最右的示例所展示的，既不是让 GPT 直接给出答案，也不是让它进行链式思考或者让它按多个路径思考，而是让它将任务分成多步，在每一步中都尝试用多种做法。然后，由它判断这一步的多个做法里面哪个更好。最终这样一步步选择下来，它在可能的选择中找到最佳路径。

我们也可以在提示语中使用树形思考方法。当然，使用该方法时，我们不再是仅仅提示 GPT 要一步一步思考，还要与它一起思考，与它共舞，具体步骤如下。

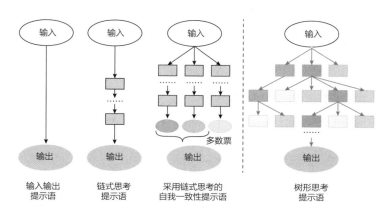

图 4-4　从链式思考到树形思考

图片来源:《树形思考：用大语言模型深思熟虑地解决问题》，2023 年 5 月。

- 首先，告诉 GPT 要请它完成一项任务，我们自己将任务拆分成数个步骤，或者请它给出拆分方案。

- 其次，请它给出第一步的三个选项，同时请它就这些选项进行评估。

- 然后，在它给出的第一步选项中，选择一个。然后请它接着做下去，并就第二步给出三个选项，以及对这些选项的评估。如此循环，直到得到最终结果。

- 最后，请它就最终结果进行评估。之后，我们需要就最终结果进行判断，做出自己的选择。

实际上，这也正是 ChatGPT 聊天机器人采用对话形式的价值：我们可以用对话的方式与机器一起思考。我们不是只提一个问题，而是将一个大问题拆成数个小问题，逐一提问。我们可以就它的回答继续追问，在与它的对话中，逐渐得到自己想要的答案。使用 GPT，就是在对话中思考。

在 GPT-4 模型发布后，OpenAI 发表的报告中展示了它参加学科考试时获得惊艳的成绩。这种能力要部分归功于 GPT-4 在链式思考上的优势。

2023 年 5 月，OpenAI 的一篇新论文《让我们一步一步验证》（*Let's Verify Step by Step*）可能是 GPT 能力提升之路上的重大突破。如这篇论文的题目所述，如果每个解题步骤都对 GPT 模型进行监督训练，就可以大幅提高 GPT 在数学、物理、化学等方面的解题能力。如果让 GPT 参加美国大学理事会为高中生组织的美国大学先修课程考试，过程监督方法能使 GPT 的微积分解题准确率从 68.9% 提升到 86.7%，化学解题准确率从 68.9% 提升到 80%，物理解题准确率从 77.8% 提升到 82.2%，类似奥林匹克竞赛这样的数学竞赛成绩则从满分的 49.1% 提升到 53.2%。带来这种变化的原因是，针对需要多步推理的问题，模型的训练方式用"过程监督"取代了"结果监督"。这里可以用辅导小孩子学习来类比，孩子做作业要写计算过程，家长辅导孩子作业时不要只检查答案是否正确，还要检查解题步骤并进行修正，这样孩子的成绩才能得到有效提升。

如果将 GPT 类比成一个大脑，在训练模型时，采用类似链式思考的方式（即过程监督）进行训练，可以提高它的能力，而我们在使用模型时，采用链式思考的方式，也可以更好地发挥它的能力。总之，链式思考是我们使用 GPT 时应该深入理解、持续实践、娴熟掌握的关键技巧。

5

第五章

高效能 AI 笔记

答 案 终 止 想 象 ， 提 问 驱 动 思 考 。

AI 对于人们工作和生活的影响非常大。在工作方面，AI 可以做一些重复性的、烦琐的工作，帮助我们提高工作效率和降低错误率。同时，AI 还可以辅助我们更好地处理大量的数据和信息，提高决策的准确性和速度。在生活方面，AI 可以为人们提供更加智能化、便捷化的服务，例如智能家居、智能物流、智能医疗等。当然，AI 也可能会对某些岗位的就业造成影响，这就需要我们积极适应社会发展趋势并掌握相关技能。

第一节　AI 在内容生成中的应用

我们每天都在接收着各种各样的信息，每天的工作都是在和各种各样的信息打交道。很多人都是知识工作者，知识工作者就离不开内容生产。

内容生产涉及的领域非常广泛。例如，我们在日常工作中需要写文案、周报、大纲、邮件，还需要进行市场调研等。此外，由于现在直播和短视频非常流行，我们还需要撰写直播和短视频的脚本，还会进行行业分析、写市场策划方案或开展新闻报道。这些都是我们经常面对的工作场景。

营销文案

在工作中，许多人都会遇到需要写一些营销文案的情况。比如，有些人是制做咖啡豆的，有些人是销售水果的，有些人是瑜伽老师，还有一些人负责社群运营……而这些工作都会涉及写营销文案。

让我们来看看如何利用 AI 辅助写出一个课程产品文案。我们需要为其设定一个身份，比如告诉 AI 工具，你现在是一名文案编辑，需要为某个产品写一段多少字的营销文案，需要以哪个方面为切入点（产品特色）。最后再细化要求，比如这个文案是针对某个特定的人群，需要注意语言风格，如在文案中增加表情等。我们一起看看 GPT 给出的参考文案。

---

21 天 "AI ＋ 笔记"，告别高强度，欢迎高效率！

在🐻 AI 时代，生活和工作的节奏越来越快🏃，我们每天承载的信息量也越来越大🧠。所以，我们不仅需要具有高强度的工作表现，更需要拥有高效率的工作方式。如何才能摆脱工作中的不健康心态，并提升个人能力呢？答案是：用结构思考力🧩。

结构思考力是职场人士必须具备的能力之一，在如今的 AI 时代更是至关重要。结构思考力将思维与行为结合起来，帮助人们更好地分析和解决棘手问题🤯，规划并达成目标🐾。在 AI 时代，

只有拥有结构思考力，才能快速抓住关键信息和精准需求，并创造有价值的数据与 AI 模型🚀。

为此，我们推出了 21 天"AI + 笔记"高效能工作实战营，通过 1 对 1 的学习方式带领大家从实际问题出发，掌握结构思考力和笔记技能，促进个人和团队的协同合作🤝，助力您提升工作表现和效果👍。

通过"AI + 笔记"高效能工作实战营，您将学习到以下内容：

如何使用结构思考力规划和管理您的工作时间；

……

AI 工具写出的文案是不是也还不错？我们稍做修改就可以使用了。我们可以把下指令的方式总结为模板，这样就能替换成其他的产品和场景来使用。

- 设定身份：你现在是一名文案编辑。
- 说明背景：需要给 ×× 产品写一段 200 字的短营销文案。
- 细化要求：以 ×× 方面为切入点。
- 风格及受众：人群（如年轻职场人）、小红书风格。

短视频脚本

AI 工具在创作短视频脚本方面有着巨大的作用。AI 可以帮助我们根据视频素材和主题，自动生成符合场景的对白和剧情，大大提高了创作效率。此外，AI 工具还可以分析观众的喜好，从而优化视频内容，提升观众的满意度。AI 工具创作的短视频脚本可以快速生成高质量、有创意的内容，为我们的创作带来了更多可能性。但是，AI 工具也有其局限性，需要我们在应用中进行精细调整和优化，才能取得更好的效果。

口播短视频脚本

为了确保在使用 AI 工具时取得良好的效果，我们需要先确认其是否具备完成任务的专业能力。例如，如果我们让 GPT 去写短视频脚本，我们和 GPT 对短视频的理解可能是不一致的，因此第一步，需要先确认我们和 GPT 对相关知识点的理解是否一致。如果一致，进行第二步，就可以下指令，让其生成短视频脚本。第三步，可以在 AI 工具（比如剪映）输入脚本，它就可以快速地生成短视频。如果我们是口播短视频就可以先录制好，然后去剪辑。我们一起来看看 GPT 给出的参考脚本。

以下是一个关于 AI 行业趋势的脚本。

引子：你是否曾经想过，未来的世界将会是什么样子呢？一些人认为，人们将离开地球，生活在火星上。但是，如果我告诉你，未来的世界将会通过人工智能彻底地改变呢？

主体：AI 行业目前正处在快速发展的阶段，各种新技术层出不穷。实际上，人工智能技术的发展已经渗透到了各个行业，如医疗、教育、金融等。此外，以消费者为中心的 AI 技术也正在蓬勃发展，例如智能家居、智能手机、智能汽车等。可以说，AI 已经成为日常生活中不可或缺的一部分。

那么，未来 AI 行业的趋势是什么呢？首先，跨界融合将是一个趋势，不同行业之间的合作将逐渐深入，并导致新的 AI 行业领域的出现。其次，智能硬件终端将会更加多样化和个性化。人们会更加依赖智能助手来完成工作并提高生活质量。最后，人类和 AI 算法之间的互动将更加自然，与之相应的，AI 将更加"聪明"且"可信"。

结论：随着越来越多的行业开始加入 AI 技术，我们不得不意识到，拥抱 AI 的时代已经来临，不拥抱 AI 将意味着被淘汰。对于企业和个人来说，如果不能跟上这个时代的步伐，可能会被落在后面，甚至面临被淘汰的风险。在 AI 技术快速发展的时代里，我们只有在技术上走在前列，才能有更好的未来。

产品分镜脚本

我们也可能会遇到拍摄产品视频的问题，AI 工具也能帮我们做短视频的分镜脚本。比如，你可以对它说："我现在是一位非常有经验的短视频编导，需要为 A 品牌手机写一个 75 秒的视频拍摄脚本，要求包含场景、动作、台词、角色、情景、镜头、音效、节奏、格式等要素，请列出分镜。"

标题：A 品牌手机——无限可能

时长：75 秒

角色：

1. 旁白 A

2. 用户 B

3. 用户 C

4. 用户 D

背景音乐：轻快的电子音乐

分镜脚本：

1.（00：00—00：03）开场画面

镜头：公司标识及产品名称出现在白色背景上

动作：文字由小变大，同时有光线从四周汇聚于中心

音效：开场音乐伴随文字出现

2.（00：03—00：08）场景一：室外

镜头：A 站在城市街道上，手持 A 品牌手机

3.（00：08—00：20）场景二：室内写字楼

镜头：B 在办公室里用 A 品牌手机与同事进行视频会议

动作：B 在使用手机时，镜头展示手机屏幕及画质

台词：A："无论何时何地，高清视频会议让工作更高效！"

音效：轻微键盘敲击声

4.（00：20—00：35）场景三：家庭生活

镜头：C 在家中与家人一起看电影

动作：C 将 A 品牌手机连接到家庭影院，镜头展示画面无缝投射

台词：A:"大屏幕娱乐，A 品牌手机带给你家庭影院般的体验！"

音效：电影播放的音效

5.（00：35—00：50）场景四：旅行

镜头：D 在户外拍摄风景

动作：D 使用 A 品牌手机拍照，镜头展示拍照过程及照片质量

台词：A:"旅行中捕捉美好瞬间，A 品牌手机让摄影更精彩！"

音效：拍照快门声

6.（00：50—01：00）场景五：运动

镜头：B、C 和 D 在公园里一起健身

动作：三人分别用 A 品牌手机记录运动数据，镜头展示运动过程

台词：A:"保持健康，A 品牌手机助你实现运动目标！"

音效：轻快的运动音乐

7.（01：00—01：10）结束画面

镜头：产品特点概述，A 品牌手机旋转展示

台词：A:"无论何时何地，A 品牌手机都会创造无限可能！"

辅助写作

写作大纲

比如，我们向 AI 描述：我现在是一名商业内容编辑，想写一篇

关于字节跳动创始人张一鸣的文章，请完成一份写作大纲，大纲要结合他的创业、人物特质展开，有四个主题，每个主题下要列出小标题。如果我们觉得其中的哪个主题写得比较好，就可以针对这一点，用 AI 工具根据张一鸣的领导风格和管理理念继续细化。或者，我们觉得这个主题写得不太好，可以让 AI 工具继续优化。

我们很难一次就提出一个非常好的问题，一次就得到我们想要的答案，但是我们可以不断地提问，纠正它，调整它，直到得到一个合适的答案。

挖掘选题思路

在写文章时，有时会遇到选题不明确或者没有具体写作思路的情况。此时，我们可以借助 AI 工具，通过对话的形式逐步挖掘选题和思路。比如，我们可以用以下提示语与 GPT 进行对话："我是一名商业编辑，想写一篇关于某个选题的文章，但是没有思路。现在请你作为我的导师，通过向我提问来挖掘我的选题思路。问题的总数应大于 5 个但不超过 10 个，每次你只能问我一个问题，回答后你再继续提问下一个问题。"这样，我们就可以通过和 GPT 对话帮助我们找到选题和写作思路。

即使我们每次问 AI 工具相同的问题，得到的答案也都是不同的。我们先人一步使用 AI 工具，一定会领先于那些不会使用 AI 工具的人。所以，我们不用担心被取代。我们用 AI 工具帮我们提高工作效率，工作起来更轻松，从而有更多的时间做更重要的事。

第二节　AI 在高效办公中的应用

AI 在办公中的应用非常广泛，每个人遇到的应用场景都可能不尽相同。为了更好地拓展办公场景，我们可以探讨几种常见的思维发散方法，并将其应用到实际场景中。这样可以帮助我们更好地拓展自己的思维，使其更加适配我们的实际工作需求。

策划案

AI 工具在撰写策划案方面发挥的作用也非常大。首先，它可以通过对大量策划案的学习和分析，为策划人员提供更加丰富的灵感和创意，帮助他们更好地理解市场趋势和用户需求。其次，AI 工具可以通过对数据的分析和处理，为策划人员提供更加准确的市场分析和预测，为制定策略提供更加可靠的依据。此外，AI 工具还可以通过智能化的文字处理和排版技术，帮助策划人员更加高效地完成文案撰写和排版，提高工作效率和质量。总之，AI 工具将会成为未来策划行业的重要工具。

举个例子，我们可以这样对 AI 工具说："我是一名资深的市场活动策划专家，现在想做一场关于'4·23'世界读书日的直播活动，主要目标是分享干货和销售图书。计划会邀请 ×× 老师连麦，每个老师都有已经出版的著作，直播时间是 ××，主播是 ××，请帮我完成直播的具体策划方案，要包含活动目的、流程和互动脚本。"以

GPT 和讯飞星火为例，我们看看分别会收到什么样的回答。

GPT 给出的策划方案：

活动策划方案："4·23"世界读书日直播活动

活动目的

1. 庆祝并宣传"4·23"世界读书日，推广阅读文化。

2. 分享各领域知识，提供高质量的干货内容。

3. 通过直播互动，宣传并销售嘉宾的图书。

活动流程

1. 开场（8：00—8：10）：主播小师妹介绍活动背景、目的和流程，并宣传今晚会分享的图书。

2. 连麦环节（8：10—10：10）：分为 5 个时间段，每个嘉宾大约 20 分钟，分别由 5 位不同商业领域的老师分享他们的专业知识和书籍内容，时间分配为：分享 15 分钟左右，提问互动 5 分钟左右。

3. 图书介绍和销售（10：10—10：30）：主播小师妹对每本书进行详细介绍，包括内容简介、作者背景等，并鼓励观众购买。

4. 观众互动环节（10：30—10：50）：提问环节，观众可以提问，主播小师妹挑选问题请老师们回答。

5. 闭幕（10：50—11：00）：主播小师妹总结活动，感谢观众的参与，再次提醒观众购买书籍，并预告下次的直播活动。

互动脚本

1. 开场："大家好，我是你们的主播小师妹，今天我们聚在一起，庆祝世界读书日。我们邀请到了五位非常优秀的老师，他们不仅有丰富的专业知识，还都是优秀的作者，今晚我们也有机会一同学习和购买他们的书。"

2. 连麦环节："欢迎我们的第一位嘉宾，他是一位在 ×× 领域的专家，也是《××》一书的作者，欢迎他来分享关于 ×× 的知识。"

3. 图书推销："这本《××》是我们嘉宾的著作，他在书中分享了很多宝贵的经验和见解，我非常推荐大家购买这本书，这对我们来说是非常有价值的学习资源。"

4. 互动环节："现在我们来到了互动环节，大家可以在弹幕中留下你们的问题，我们会选一些问题请老师来回答。无论是对他们的书有疑问，或者对他们的专业领域有想要了解的，都可以提出来哦！"

5. 闭幕："今晚的活动就要接近尾声了，感谢大家的参与和支持。我们一起庆祝了世界读书日，从五位优秀的老师那里学到了许多知识。希望我们的活动能激励大家更喜欢阅读，通过阅读学习新的知识。再次感谢大家的参与，我们下次直播见！"

注意事项

1. 保持直播的流畅和节奏，尽量避免出现长时间的空白。

2. 在提问环节，主播要有选择性地提问，避免不相关或者恶意的问题。

3. 在推销图书时，真实地传达书籍的价值，避免夸大其词。

4. 鼓励观众在直播中互动，可以设立一些小奖励，如抽奖送书等，提高观众的参与度和活动的趣味性。

以上就是关于"4·23"世界读书日直播活动的策划方案，希望对你有所帮助！

讯飞星火给出的策划方案：

活动名称："4·23"世界读书日直播盛宴

活动目的

1. 宣传和推广世界读书日，提高公众对阅读的重视程度。

2. 分享各领域的专业知识和干货，吸引观众关注。

3. 促进图书销售，为书店和作者创造商机。

活动流程

1. 开场（8：00—8：30）：欢迎观众，介绍本次直播的主题、嘉宾以及互动环节。

2. 主题分享（8：30—9：30）：邀请 5 位商业领域的老师进行主题分享，每位老师讲解一个与他们的图书相关的主题。

3. 问答环节（9：30—10：00）：观众可以在直播弹幕中提问，老师回答问题并分享相关经验。

4. 图书推荐（10：00—10：30）：邀请每位老师推荐一本与他们分享的主题相关的好书。

5. 结束语（10：30—11：00）：感谢观众的参与，宣布本次直播圆满结束。

主题分享环节

老师 A：大家好，我是 A 老师，今天我要给大家分享的是关于时间管理的实用技巧。请大家关注我的书《高效时间管理法》。

老师 B：大家好，我是 B 老师，我将与大家探讨如何提升团队协作能力。请大家购买我的书《领导力之道》。

……

在我个人看来，以上的方案只要稍加改动和调整就可以使用，节省了我们的很多时间。我们在各种节日都需要做不同的活动，需要策划活动方案，现在 AI 工具就可以大大提高我们的工作效率。

写工作报告

对职场人而言，写周报、月报、项目汇报以及各种季度总结和年终总结是最常见的任务。我们可以通过下达指令来让 AI 工具为我们完成周报的撰写。只需明确表述我们的工作内容、本周所完成的工作以及工作中的成果与不足等信息，AI 工具就能为我们撰写一份逻辑清晰且结构完整的周报。

举个例子，我们可以这样对 AI 工具说："我目前从事社群运营工作，工作职责是吸引用户参与为期 3 天的新手直播体验营，促进直播带货实战营的销售。本周，我成功吸引了 300 名用户报名参加体验营，每位用户支付了 9.9 元的费用。同时，我还成功转化了 10 位用户购买 3999 元的直播带货实战营。然而，我目前面临的困难是标准操作流程（Standard Operating Procedure，SOP）还不够清晰，且转化目标 15% 尚未达到。鉴于此，作为我的周报助手，请您帮我撰写一份逻辑清晰且结构合理的周报。"我们还是一起来看看两个 AI 工具给出的不同方案。

GPT 给出的周报：

时间：2023 年 5 月 1 日—2023 年 5 月 7 日

主题：新手直播体验营转化直播带货实战营活动执行及效果分析

1. 项目概述

本周我成功组织并推进了为期 3 天的新手直播体验营活动，旨在吸引潜在客户参与并最终转化为购买 3999 元的直播带货实战营课程。体验营的入场费用设定为 9.9 元，整个活动吸引了 300人参与。

2. 活动结果

通过这个活动，我们成功吸引了 10 名学员购买 3999 元的直播带货实战营课程。虽然我们设定的转化目标是 15%，但当前的转化率约为 3.3%，未能达到预期的目标。

3. 问题与挑战

目前，体验营的 SOP 尚不清晰，这可能影响了我们的转化效果。我们需要对此进行深入的分析和优化，以提高转化率。

4. 下一步计划

持续改进直播内容，扩大宣传渠道，加强对主播的培训和指导，继续探索新的直播带货形式。

讯飞星火给出的周报：

尊敬的领导：

我是社群操盘手小师妹，本周通过 3 天的新手直播体验营成功转化了 3999 元的直播带货实战营，共有 300 人报名参加。目前已经成功转化了 10 单价格为 3999 元的课程。

在体验营的过程中，我们遇到了一些问题，比如 SOP 不够清晰、转化目标未达到等。为了解决这些问题，我将采取以下措施：

1. 完善 SOP：与团队成员共同制定更加完善的 SOP，确保后续活动的顺利进行。

2. 加强推广和宣传：通过多种渠道进行推广和宣传，提高转化率，吸引更多潜在客户参与活动。

3. 提高服务质量：在课程中注重学员的学习体验，提供优质的服务，以便更好地满足他们的需求，增加他们的满意度和忠诚度。

感谢您对我的支持和指导！

　　此致

敬礼

社群操盘手小师妹

快速生成 PPT

在现代职场中，PPT 的重要性不言而喻。不论你是企业高管，还是初入职场的新人，都需要经常制作并进行 PPT 演讲。PPT 不仅是传递信息、观点的工具，更是展示个人专业能力和思考深度的媒介。一份清晰、精炼的 PPT 能将复杂的想法简单化，让听众容易理解，从而推动决策，解决问题，或者启发新的思考。

随着 AI 技术的不断发展，AI 工具已经成为我们处理烦琐 PPT 任务的得力助手。AI 工具可以帮助我们快速整理信息、优化内容结构和设计美观的视觉效果。有了 AI 工具的帮助，我们可以把更多的精力放在深入思考和战略分析上，实现事半功倍的效果。

接下来，我们说说一份清晰、精炼的 PPT 是如何实现的？首先通过 GPT 生成 Markdown 代码格式的大纲，我们既可以根据主题让 GPT 直接生成大纲，也可以根据已有内容让 GPT 提炼出大纲。MindShow 和闪击 PPT 是国内比较好用的两款 PPT 生成工具，我们可以联合 GPT 和 MindShow 或闪击 PPT，制作出我们想要的 PPT。

举个例子，我们可以对 GPT 说："我是一个市场策划经理，请帮我生成一份人工智能大会的策划方案 PPT 大纲，主题是'AI 新视野，增长新势能'，时间为 2023 年 6 月 10 日，地点在杭州，总计一天的时间，切记输出形式为 Markdown 格式代码。"

然后，我们复制 Markdown 代码，将其导入 MindShow 或者闪击 PPT 生成 PPT，但是闪击 PPT 有自己的 Markdown 格式要求，我们可以把更详细的指令发送给 GPT。最后再调整风格和排版，直至我们满意。我们一起看看 GPT 给出的 PPT 代码。

这是一个关于"AI 新视野，增长新势能"主题的人工智能大会策划方案的 PPT 大纲。我会使用 Markdown 格式编写。这个大纲主要包括以下部分：

人工智能大会策划方案

封面

主题：AI 新视野，增长新势能

时间：2023 年 6 月 10 日

地点：杭州

欢迎词和大会介绍

大会的目的和期望结果

对参与者的感谢

主题演讲：AI 新视野，增长新势能

· AI 的发展和当前挑战

· 如何通过 AI 驱动数字智能增长

· AI 的未来展望

第三节　AI 在高效学习中的应用

AI 在个人的高效学习中也有很多应用。例如，AI 工具可以根据个人的学习进度、学习历史和学习习惯，制订个性化的学习计划，提高学习效率和成果。AI 工具还可以通过大数据分析和模拟实验，帮助个人更好地理解和掌握知识。此外，AI 工具还可以实现语音识别、语音合成和自然语言处理等技术，让个人更自然地与机器交互，提高学习效率和便利性。

快速学习新领域知识

在快速学习新领域知识的应用方面，AI 工具展现出了无与伦比的潜力。它不仅能够处理大量信息，还可以从中提炼出有价值的知识，从而帮助我们实现科学有效的学习。

举个例子，如果想学习摄影知识，可以告诉 GPT："我是一个摄影入门者，我现在想学习用手机进行人像拍摄，你作为我的摄影老师，请帮我制订一份 14 天的学习计划，包括学习内容及练习计划。我每天可以花费 30 分钟来练习。请用表格形式来展现。"我们来看看 GPT 给出的学习计划。

我会帮助你制订一个 14 天的学习计划来提高你的人像摄影技术。这个计划会分别介绍每天的学习主题和实践活动。以下是 14 天的学习计划。

天数	学习内容	实践活动
第 1 天	掌握你的设备	了解手机的所有摄影功能和模式，特别是人像模式
第 2 天	了解构图法则	练习使用"三分法""黄金比例"和"对称"等构图技巧
第 3 天	理解光线的重要性	在不同的自然光线条件下尝试拍摄人像
第 4 天	学习使用人像模式	使用人像模式拍摄不同的照片并理解其影响
第 5 天	学习如何引导模特	请一位朋友帮忙，然后练习如何引导他摆出不同的姿势
第 6 天	学习拍摄不同的表情和情绪	尝试捕捉模特的不同表情和情绪
第 7 天	复习和练习	复习所学的知识，尝试将这些技巧结合起来拍摄照片
……	……	……

得到了这个回复之后，我们可以针对这些学习内容，再让它提供一些具体的学习资源。这样就可以根据这个计划，按部就班地学习了。

翻译助手

AI 已经成为翻译领域的重要工具。随着机器学习和人工智能技术的发展，AI 工具能够快速准确地翻译各种语言，大大提高了翻译的效率和质量。此外，AI 工具还可以通过自然语言处理技术，对语言进行深入分析和处理，从而使翻译的结果更加自然、准确、连贯。当前，AI 在翻译领域的地位越来越重要，为各种跨语言交流提供了重要的支持和保障。但是，AI 翻译技术有待进一步发展，未来 AI 在翻译领域的作用和地位还将不断扩大和深化。

如果想用 AI 翻译一段话，我们可以给它指令："我是一名专业的英语翻译，请帮我翻译一下这段内容，注意理解上下文的意思，我会分段落发给你。"

大家要注意，受到当前技术的限制，我们不要一次性发送太多的内容，否则就会显示"段落内容太长了，无法识别"。

读书笔记

AI 技术还可以帮助人们写读书笔记。首先，它可以通过智能化的语音识别和文字处理技术，将我们听到或阅读的内容快速准确地转化为文字，大大提高了我们的效率。其次，AI 工具还可以通过自然语言处理技术，对笔记进行深入分析和处理，帮助我们更好地理解和总结书中内容，从而更好地掌握知识点。此外，AI 工具还可以通过智能化的分类和标注技术，将我们的笔记进行分类和整理，使其更加清晰易懂。总之，AI 技术在写读书笔记方面，可以帮助我们更加高效、准确、深入地总结和掌握书中知识，从而更好地学习和成长。

现在，我们通过向 GPT 提问，尝试做一篇读书笔记。第一问："你知道《高效能人士的七个习惯》这本书吗？"为什么要这么问呢，因为很多图书有重名的情况，我们可以通过添加图书的作者等更多信息，以提问的形式加以确认。第二问："我是一名读书博主，请帮我做一份这本书的读书笔记，按照图书的内容框架生成笔记，要至少有 4 级结构，逻辑清晰，请生成 Markdown 代码。"接下来，我们可以复制生成的代码到代码编辑器，打开并保存为 .md 格式的文件。最后，打开 Xmind（思维导图工具），导入刚才的文件，即可生成一份完整的思维导图。

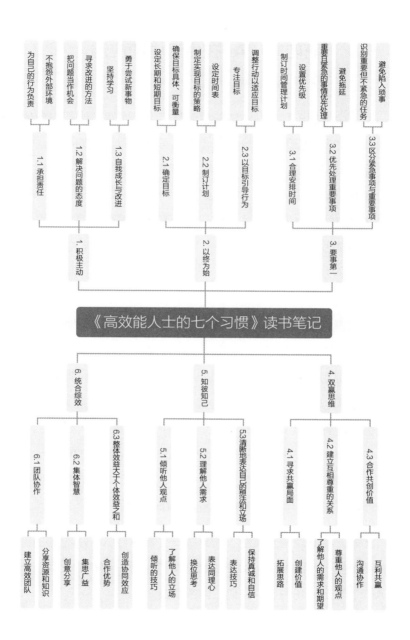

《高效能人士的七个习惯》读书笔记

1. 积极主动
- 1.1 承担责任
  - 为自己的行为负责
  - 不抱怨外部环境
- 1.2 解决问题的态度
  - 把问题当作机会
  - 寻求改进的方法
- 1.3 自我成长与改进
  - 坚持学习
  - 勇于尝试新事物

2. 以终为始
- 2.1 确定目标
  - 确保目标具体、可衡量
  - 设定长期和短期目标
- 2.2 制订计划
  - 制定实现目标的策略
  - 设定时间表
- 2.3 以目标引导行为
  - 专注目标
  - 调整行动以适应目标

3. 要事第一
- 3.1 合理安排时间
  - 制订时间管理计划
  - 设置优先级
- 3.2 优先处理重要事项
  - 重要且紧急的事情优先处理
  - 避免拖延
- 3.3 区分紧急事项与重要事项
  - 识别重要但不紧急的任务
  - 避免陷入琐事

6. 统合综效
- 6.1 团队协作
  - 建立高效团队
  - 分享资源和知识
- 6.2 集体智慧
  - 创意分享
  - 集思广益
- 6.3 整体效益大于个体效益之和
  - 合作优势
  - 创造协同效应

5. 知彼知己
- 5.1 倾听他人观点
  - 倾听的技巧
  - 了解他人的立场
- 5.2 理解他人需求
  - 换位思考
  - 表达同理心
- 5.3 清晰地表达自己的想法和立场
  - 表达技巧
  - 保持真诚和自信

4. 双赢思维
- 4.1 寻求共赢局面
  - 拓展思路
  - 创建价值
- 4.2 建立互相尊重的关系
  - 了解他人的需求和期望
  - 尊重他人的观点
- 4.3 合作共创价值
  - 沟通协作
  - 互利共赢

第四节　AI 在生活中的应用

AI 在个人娱乐和生活中的应用非常广泛。例如，AI 可以根据个人的兴趣、偏好和历史记录，为个人推荐符合其喜好的电影、音乐和游戏等娱乐内容。AI 还可以实现智能家居、智能音箱和智能手表等设备的控制，提供更加智能、更加便利的生活体验。此外，AI 还可以通过自然语言处理技术，实现智能聊天和语音交互，让个人更加轻松愉悦地享受娱乐生活。

咨询顾问

AI 工具可以作为个人咨询顾问，帮助我们更好地管理和规划个人生活。例如，AI 工具可以提供智能化的健康监测和健身指导，根据身体状况和偏好定制健身计划，帮助我们更好地保持身体健康。AI 工具还可以提供智能化的财务规划和投资建议，根据财务状况和风险偏好量身定制投资方案，帮助我们更好地管理个人财务。AI 工具还可以提供智能化的心理咨询和情感支持，帮助我们更好地应对情感和心理问题。总之，AI 作为个人咨询顾问，可以帮助我们更好地管理和规划个人生活，提高生活品质和幸福感。

比如，我们现在想减肥，如果找一个营养师，一小时的咨询服务就要产生一定的费用，每天监督饮食打卡都是收费的。但现在有了 AI，它制订一份方案，我们按照方案做即可。

我们拿营养师来举例，来一起看看 GPT 给出的饮食运动计划吧。

提问者：你现在是营养健康师，擅长给亚健康人群提供饮食和运动方案。我是你的客户，请你通过提问了解我的情况，包含基础信息、饮食和运动情况。你要逐项进行提问，我回答完一个，你再提问另一个，问题不少于 10 个。提问结束后，请为我提供一份为期 15 天的运动饮食方案。明白的话请回复：咱们开始吧。

GPT：好的，咱们开始吧！请问你的年龄是多少？

提问者：25

……

GPT：好的，我现在已经了解了你的基础信息、饮食情况以及运动情况，接下来我会为你提供一份为期 15 天的饮食运动方案。在这份方案中，我将为你设计营养丰富、健康的饮食，同时结合有氧运动和力量训练，帮助你逐渐改善身体状况，达到减脂塑形的目的。

以下是你的饮食运动方案。

1. 每天吃早餐。早餐建议选择蛋白质、纤维和水果等营养丰富的食物，如鸡蛋、全麦面包、牛奶、酸奶、水果等。

2. 建议适量控制碳水化合物的摄入量，尽量选择粗粮、蔬菜、水果、瘦肉等营养丰富的食物。尽量避免高糖、高脂的食物。

3. 三餐之间的时间间隔不宜过长，每餐饭量适中，尽量避免暴饮暴食。

4. 避免吃夜宵，尽量在晚餐后 2—3 小时内不再进食。

5. 每天保持足够的水分摄入，建议饮用白开水、茶水等低热量、低糖分的饮品。

6. 每周至少进行 3 次有氧运动，每次持续 30—60 分钟。

休闲娱乐

在休闲娱乐领域，AI 已经成为我们的贴心助手，来丰富我们的精神生活。通过深度学习和大数据分析，AI 可以为我们量身定制个性化的旅游计划，筛选目的地、规划行程、推荐酒店和交通工具，让旅行变得更加轻松愉快。此外，AI 还可以根据我们的兴趣和阅读、观影历史为我们推荐合适的图书、电影，让我们在琳琅满目的作品中轻松找到心仪之选。AI 的广泛应用使我们的休闲娱乐体验更加丰富多样，满足我们不断升级的精神需求。

旅游计划

如果我们想和家人或朋友去某个城市旅游，但是对于当地的美食、旅游景点和文化不了解，这时我们通常会去短视频平台或旅游网站搜索旅游攻略。但是现在有了 GPT，它可以帮我们制订一份详细的旅行计划，包括当地的美食、旅游景点和文化等各个方面。这样我们就可以更轻松地定制旅游计划了。

举个例子，我们可以这样和 GPT 沟通："5 月 20—21 日，我准备去北京旅游，住在北京学知园。我喜欢逛街、逛公园、泡温泉等轻松休闲类的项目，不喜欢爬山、电竞等项目。请帮我制订一份周末旅游计划，包含交通路线的规划（我喜欢坐地铁），游玩景点及项目推荐，以及美食推荐（我喜欢吃辣的），请标明饭店名字及地址。"下文是 GPT 制订的旅游计划，我们根据自己的喜好对这份计划进行调整即可。[1]

以下是我为你制订的周末北京旅游计划：

5 月 20 日（星期六）

上午：

早餐：在北京学知园附近的"妙麻婆豆腐"（北京市海淀区西三旗金四季购物中心）享用一顿川菜早餐，他们家的麻婆豆腐特别棒。

出行：乘坐地铁 13 号线在西二旗站换乘 4 号线，到新街口站下车。

---

1. 当前的 AI 工具所使用的大型语言模型仍存在一些问题，即它生成的内容可能包含虚构、虚假或不符合事实的文本。

游玩：逛新街口购物街，这是北京著名的购物街区，集合了许多时尚的购物和餐饮场所。

下午：

午餐：在"重庆袁老四火锅"（北京市西城区新街口外大街18号）享用一顿美味的重庆火锅。

游玩：在新街口购物街上继续逛街，可以去"华威APM"等大型购物商场。

出行：乘坐地铁4号线在平安里站换乘6号线，到南锣鼓巷站下车。

晚上：

游玩：探访南锣鼓巷，这里是北京的历史文化街区，有很多有趣的小店和艺术馆。

晚餐：在南锣鼓巷附近的"辣尚瘾麻辣烫"（北京市东城区南锣鼓巷鼓楼东大街188号）享用美味的麻辣烫。

返回：乘坐地铁8号线在鼓楼大街站换乘13号线，回到学知园。

推荐书单、电影、游戏等

AI可以通过分析我们的兴趣、阅读或观影历史等信息，为我们推荐符合我们喜好的书单、电影和游戏。这种方式可以节省我们挑选的时间，同时也可能会带来一些新的发现。

比如，我们可以对 GPT 说："请帮我推荐两部可以放松的小说，我喜欢科幻主题的，请列出书名、出版社、内容简介及推荐理由。"我们一起看下 GPT 给出的推荐书单。

以下是我为您挑选的几部小说：

1.《银河帝国》（Isaac Asimov，人民文学出版社）：这是一部经典的科幻小说系列，由科幻大师 Isaac Asimov 创作。该系列共分为七部，描写了一个庞大的银河帝国及其衰落的历史，讲述了不同人物在银河历史中的角色和影响。这部小说以其丰富的想象力和清晰的叙事风格而闻名，是放松和享受科幻故事的绝佳选择。

2.《三体》（刘慈欣，重庆出版社）：这是一部获得多项国际科幻大奖的畅销小说，由刘慈欣创作。小说以"三体"为背景，描绘了人类文明与三体文明之间的交锋和战争，同时也探讨了人类文明的本质和人性的复杂性。该小说以其扣人心弦的情节和富有启示性的哲学思考而广受好评。

如果我们想看电影，也可以对它说："你是帮我推荐电影的 AI 助理。你负责从全球热门电影中挑选并为我推荐电影。我今天想看电影类型是像《流浪地球》那样的科幻电影。请推荐三部并以表格形式给我。"这些是 GPT 推荐的电影。

由于我的知识截止日期是 2021 年 9 月，我无法提供最新的电影推荐。我可以为您提供一些早期的热门科幻电影推荐。以下是三部类似于《流浪地球》的科幻电影：

电影名称	上映年份	导演
《星际穿越》	2014 年	克里斯托弗·诺兰
《盗梦空间》	2010 年	克里斯托弗·诺兰
《银翼杀手 2049》	2017 年	丹尼·维伦纽瓦

这些电影都是受到广泛赞誉的科幻电影，它们有引人入胜的故事情节和视觉效果。请注意，这些是过去几年的电影，可能已经上映一段时间了。如果您已经观看过这些电影，或者想要更新的推荐，请告诉我。

AI 在内容生产、高效工作、学习和生活等领域的应用，为我们的生活带来了前所未有的便捷和高效。在内容创作方面，AI 可以提高素材收集、处理和呈现的效率，让我们的作品更具吸引力；在工作学习上，AI 帮助我们快速掌握新知识、提高解决问题的能力，成为我们的得力助手；在休闲娱乐方面，AI 让我们的体验更加个性化和丰富多彩，满足我们不断升级的精神需求。展望未来，我们期待 AI 技术不断发展，为我们的生活带来更多惊喜和创新，助力我们更好地实现个人价值和生活品质的提升。

第六章

灵感与效率：
AI 辅助营销创新

答案终止想象，提问驱动思考。

第一节　打造品牌

初夏，热情似火的季节，也是水果开始成熟的季节，突然想起杜牧的一首诗，写的是唐玄宗为杨玉环千里运送岭南荔枝的场面。

> 过华清宫绝句三首·其一
>
> 长安回望绣成堆，山顶千门次第开。
> 一骑红尘妃子笑，无人知是荔枝来。

广东、广西、海南的荔枝季到了，尤其是阳光充沛、地理位置得天独厚的海南。荔枝因苏东坡先生的赞美而名扬天下，但除了"妃子笑"之外，我们对荔枝的品种了解甚少。虽然电商平台上的荔枝品牌众多，但都没能成为人们口口相传的知名品牌。这是一个市场机会，通过营销，我们可以创建全新的荔枝品牌。本章我们将围绕海南荔枝，策划创建一个中国荔枝的高端品牌，让更多人享受到荔枝的美味。

古代游历过海南的文化名人甚多，与荔枝渊源最深的当数人文大家苏东坡先生。我们可以要求 GPT 结合地域特色和人文背景，给出一些荔枝的品牌名称。

请帮我生成荔枝的品牌名称，2~8 个汉字，要有人文背景，并给出中文解释，请生成 12 组。

参考地域背景 1：……

参考人文背景 2：……

三百荔：灵感来自苏东坡的诗句"日啖荔枝三百颗"，寓意产品丰盈、美味。

东坡荔：以苏东坡的名号命名，表达对他的敬仰和他对荔枝的热爱。

岭南人：取自苏东坡诗句"不辞长作岭南人"，表示对荔枝的深情厚谊。

苏荔：意喻苏东坡喜欢的荔枝。

苏三百：取自苏东坡诗句"日啖荔枝三百颗"。

荔之韵：表达了品牌注重荔枝的特色和独特风味。

阳光荔：全名象征着在阳光下生长的新鲜荔枝。

爱心荔：全名象征着对荔枝和消费者的关爱。

荔乐园：表示品牌希望带给消费者一种在自然中享受新鲜荔枝的感觉。

阳光荔子：象征着阳光下生长的新鲜荔枝。

鲜果荔：代表着新鲜的荔枝。

乐荔：寓意消费者在享受荔枝的过程中充满快乐。

我们为 GPT 提供关键词、参考品牌和人文历史背景等信息后，其学习能力便能立即显现。只需要给出几个例子，GPT 就能迅速学习并给出高水平的答复。考虑到人文气息和意境，如荔之爱、东坡荔、苏荔、乐荔、阳光荔、阳光荔子、荔之韵、鲜果荔、三百荔、岭南人、苏三百等，都是充满意蕴的荔枝品牌候选名称。借此机会，我们可以塑造一个既独特，又充满人文韵味的高端荔枝品牌。下面采用组合命名，继续优化前面的品牌名。

提问

自由组合优化如下品牌名称，请组合出 8 组新的品牌名称，并给出解释：三百荔、东坡荔、苏荔、苏三百、荔之爱、乐荔、阳光荔子、荔之韵、鲜果荔、岭南人、阳光荔。

回答

阳光苏三百：由"阳光荔子"和"苏三百"组成，表达了荔枝在阳光下的丰硕和苏东坡对荔枝的赞美。

阳光乐荔：由"阳光荔子"和"乐荔"组成，传达了消费者享受阳光下的荔枝的快乐。

东坡乐荔：融合了"东坡荔"和"乐荔"，象征着享受荔枝的乐趣和苏东坡的文化底蕴。

阳光岭南人：融合了"阳光荔"和"岭南人"，象征着阳光下的荔枝和岭南地区人民对荔枝的热爱。

东坡阳光荔：由"东坡荔"和"阳光荔"组成，展现了苏东坡对荔枝热爱，代表着阳光下生长的新鲜荔枝。

岭南乐荔：由"岭南人"和"乐荔"合成，象征着岭南地区人民对荔枝的喜爱和享受荔枝的快乐。

鲜果苏荔："鲜果荔"和"苏荔"的融合，展现了荔枝的新鲜和苏东坡对荔枝的热爱。

东坡鲜果荔："东坡荔"和"鲜果荔"的组合，突显苏东坡对新鲜荔枝的热爱以及荔枝的新鲜鲜美。

提问

帮我选择一个最好的品牌名，给出合理的理由，品牌名如下：……

回答

经过仔细比较，我建议选择"阳光苏三百"作为品牌名。……

还有没有更好的，给出理由。

"东坡阳光荔"将"东坡荔"和"阳光荔"完美地结合在一起。"东坡"取自苏东坡的名号。……

GPT 成功选出了两个富含人文意境的荔枝品牌名："阳光苏三百"和"东坡阳光荔"。其中，东坡阳光荔可简化为东坡荔枝、东坡荔、阳光荔等，它们深植于文化传播，构成了精美的品牌故事，适合作为高端荔枝品牌。

第二节　品牌推广方案

制订品牌营销方案

1960 年，美国教授尤金·杰罗姆·麦卡锡（Eugene Jerome McCarty）提出了著名的 4P 营销理论，即产品（Product）、价格（Price）、推广（Promotion）、渠道（Place）。这一理论可以帮助我们更好地了解市场需求，制订品牌营销策略。

你是一位营销专家，请用 4P 理论制订一份将"东坡阳光荔"定位为高端品牌的营销方案。参考例子：中国云南著名橙子品牌褚橙。

回答

基于 4P 理论（产品、价格、推广、渠道），我为"东坡阳光荔"品牌设计了以下高端品牌营销方案。

产品（Product）：

"东坡阳光荔"应当定位为一款高端、优质、新鲜的荔枝产品，重点强调其品质、新鲜度以及与苏东坡名人效应的关联性。为确保其品质，需要在源头上选择优质的种植区，拥有严格的品质控制流程以及精心的采摘和包装过程。

对于荔枝，我们可以推出多种产品线，比如新鲜的荔枝、荔枝果汁、荔枝干等。同时，也可以推出礼盒包装的荔枝产品，供消费者在节日或者送礼时选择。

价格（Price）：

"东坡阳光荔"作为高端品牌，其价格定位应当高于市场平均水平。这个高价可以反映其高品质、新鲜度以及与苏东坡的关联性带来的品牌溢价。但同时，价格也不能高得离谱，要保证在消费者能够接受的范围内。

渠道（Place）：

"东坡阳光荔"应当在高端超市、有机产品店、高端餐厅等地方进行销售。同时，也可以在电商平台开设官方旗舰店，提供便捷的在线购买服务。而对于那些希望在特殊场合送礼的消费者，我们可以提供在线定制和礼品配送服务。

推广（Promotion）：

"东坡阳光荔"的营销活动应当聚焦在展示其高品质、新鲜度以及与苏东坡的关联性上。可以通过社交媒体、电子邮件、线下活动等方式进行品牌故事的传播，让更多的消费者了解和喜欢上"东坡阳光荔"。

同时，我们可以与著名厨师或美食博主合作，让他们推荐"东坡阳光荔"，从而增加品牌的曝光率和影响力。我们也可以定期推出一些优惠活动，如购买满额赠送、节日折扣等，以吸引和留住消费者。

新媒体品牌营销

利用 GPT 的"专家级营销"角色，我们可以在全域营销方向进行探索，包括小红书、短视频、抖音、视频号、公众号和私域社群等新媒体。这是一种站在巨人肩膀上获取营销灵感的方式。

虽然 GPT 不能一次生成整套的营销方案，但它可以辅助营销人员编写、构思和寻找灵感。特别是它具备现场学习的能力，可以极大地减少营销策划的时间，提高工作效率。接下来，我们将结合提示语技巧和多种 AI 工具在新媒体全域方向进行深入操作，包括图像设计和文案编写。

用简单的营销创造公式，打开灵感思路，公式如下：

辅助功能创造公式 = 预设角色 + 能力描述 + 限制描述 + 常识知识输入 + 输入输出定制

我们计划创建一个高端的海南荔枝品牌，这将涉及品牌提升、文化建设以及产品和服务的配套管理。首先，我们需要询问 GPT 如何在小红书、抖音、视频号、微信公众号和朋友圈等平台上，建立并实施全域营销策略。

提问

你是一位营销专家，如何在小红书上开展荔枝品牌营销？

回答

小红书是一个分享和发现生活方式的社区，在年轻人群体中尤其受欢迎。利用小红书进行品牌营销，可以通过以下方式：

创建官方账号：……

发布高质量的内容：……

与网红/KOL 合作：……

举办活动或竞赛：……

开设小店并提供优惠：……

利用海南的特色进行营销：……

第三节　品牌传播文案

品牌广告语

提问

一句广告语，2 秒构建一个场景，不要试图说明产品的功能。广告不能无感、生硬，要有趣、有场景。好的广告不是描述产品功能，而是唤醒顾客脑中的记忆，产生联想。你是一位广告创意专家，请用大卫·奥格威的风格帮"东坡阳光荔"高端荔枝品牌编写 12 条广告语，参考案例如下：……

回答

东坡阳光荔，诗与阳光的完美邂逅。

它是生活的甜蜜，而非必需品——东坡阳光荔，夏日的甜美尽在其中。

东坡阳光荔，品味诗与阳光。

一颗荔枝，一首诗，一抹阳光，东坡阳光荔。

东坡阳光荔，一颗把阳光和夏天都留下。

东坡与阳光，品味永恒的品质，东坡阳光荔。

关键时刻，品味东坡阳光荔，瞬间释放夏日的甜蜜。

口渴燥热，抓一颗东坡阳光荔，自然清凉，瞬间消暑。

东坡阳光荔，一口咬下，清甜汁液，所有味蕾都被唤醒。

童年记忆，荔枝的味道，抓住夏天的尾巴，用东坡阳光荔打开回忆的箱子。

还是小时候的果香味，还是妈妈剥的荔枝，东坡阳光荔，回忆的味道，依旧浓烈。

懂你的不一定是朋友，也不一定是亲人，有可能是那一颗颗东坡阳光荔。

我们可以对这些广告文案进行多轮优化，直到满意为止。我从中挑选了几个比较满意的广告语，它们都有一种意境美。

东坡阳光荔，品味诗与阳光。

东坡阳光荔，一颗把阳光和夏天都留下。

东坡与阳光，品味永恒的品质，东坡阳光荔。

一颗荔枝，一首诗，一抹阳光，东坡阳光荔。

关键时刻，品味东坡阳光荔，瞬间释放夏日的甜蜜。

爆款标题

小红书爆款笔记标题

提问

你是一位营销专家，请用营销理论帮我编写 10 条"东坡阳光荔"高端荔枝品牌小红书爆款笔记标题，参考案例如下：……

回答

东坡阳光荔，一颗你就会爱上

真的好吃到哭，东坡阳光荔枝的醉人味道

跟着我一起探索东坡阳光荔的独特魅力

想告诉全世界，我爱东坡阳光荔

你永远可以相信东坡阳光荔的味道

看这一篇就知道为什么东坡阳光荔这么火

请大数据把东坡阳光荔推给每个爱好美食的人

多少次品尝，都是为了那一口东坡阳光荔的滋味

高端荔枝品鉴，必须知道的关于东坡阳光荔的 5 大特点

99% 的人不知道的东坡阳光荔的独特魅力

推广文章标题

提问

你是一位广告文案专家，请帮我编写 16 条"东坡阳光荔"高端荔枝品牌文章标题，参考案例如下：……

回答

传承五十载：东坡阳光荔，老树糯米糍荔枝的独特韵味

甜蜜指数爆表：东坡阳光荔，妃子笑荔枝无与伦比的甜度

北纬 22° 的果实奇迹：东坡阳光荔荔枝产地的独特魅力

引领荔枝新潮流：来自海口的东坡阳光荔新鲜上市

品尝季节的味道：东坡阳光荔为你展示一年一度的荔枝风情

海南特色的魅力：东坡阳光荔荔枝，每个人都值得一尝

从种植到保鲜：东坡阳光荔，揭示荔枝的挑战与品质

荔枝背后的秘密：一颗东坡阳光荔荔枝的故事

跨越极地的味蕾体验：在北极也能吃到东坡阳光荔的新鲜荔枝

新鲜荔枝的诱惑：如何让东坡阳光荔征服你的味蕾

荔枝的甜蜜科学：如何科学解读东坡阳光荔荔枝的鲜甜

清晨的甜蜜礼物：早上六点，东坡阳光荔刚摘下的新鲜荔枝

无核荔枝的极致鲜甜：东坡阳光荔，全心享受果肉的美妙

我们的承诺：让你品尝到东坡阳光荔最新鲜的荔枝

荔枝的魅力：东坡阳光荔，美妙风味你也能享受

每一颗都是精心挑选：东坡阳光荔的所有荔枝都是人工手摘的

口播文案

提问

你是一位短视频营销专家，帮"东坡阳光荔"高端荔枝品牌生成口播文案，采用口播文案三段式结构拆分如下营销文案：我的幸福是等待一场姹紫嫣红的花事，是在阳光下和喜欢的人一起筑梦，是和你守着一段冷暖交织的光阴慢慢变老。

第一段：引起兴趣

你是否曾经梦想过拥有一场姹紫嫣红的花事，在阳光下与心爱的人共同筑梦？

第二段：创造期待

现在，你可以与你的挚爱一同守护一段冷暖交织的光阴，慢慢变老，共享幸福和温馨。

第三段：核心信息和呼吁行动

这就是我们的产品！它为你提供了一个实现幸福的机会，让你与心爱的人一同度过美好的时光。不要错过这个机会，立即行动，抓住属于你的幸福！

参考例子：……

回答

根据您的需求和提供的参考文案，我帮您将这段文案拆解为以下三个部分：

一、引起兴趣

你是否曾在温暖的阳光下，憧憬过一场姹紫嫣红的花事？是否曾梦想和心爱的人共同筑梦，分享一颗珍珠般的荔枝，一起享受那甜滋滋的味道？

二、创造期待

清明节过后，荔枝树挂满了果实，小疙瘩渐渐尖了，虽然外表粗糙，但它的内心藏着你无法抗拒的诱惑。六、七月份，荔枝渐渐长熟，那透明的果肉像一颗颗晶莹的珍珠，清甜爽口，细腻无渣，等待着你的品尝。

三、核心信息和呼吁行动

这就是"东坡阳光荔"的高端荔枝，为你提供一场属于你的幸福体验，不论是分享给心爱的人，还是自己独享。从古至今，荔枝深受人们的喜爱，唐朝诗人杜牧在诗中写道："一骑红尘妃子笑，无人知是荔枝来。"今天，我们不再等待，立即行动，让"东坡阳光荔"的高端荔枝为你的生活增添一份甜蜜。

品牌渠道文案

提问

你是一位品牌渠道专家，请帮"东坡阳光荔"高端荔枝品牌设计品牌渠道文案，参考褚橙例子，文案如下：

褚氏农业致力于"好企业打造好产品"。其中，好产品就是公司品牌的品质支撑。唯有稳定的高品质，才能支撑高端定位，才能做到有定价权，也才可能让整个产业链获得超过行业水平的收益，从而形成良性循环，远离价格战的泥沼。产地保证，高科技分选，全新包装，现代化分选，引进先进红外分选技术，从糖度、果径、果重、果色、瑕疵5种维度，"人工＋机器"双重严选，层层把控，多维挑选品质好果。种植团队匠心耕种，借鉴褚橙规范种植技术，因地制宜；自产生态肥料；成长期跨越深冬，柑橘类晚熟代表，糖分充分积累；基地新鲜采摘，3月应季上市。

回答

东坡阳光荔坚守"优秀的品牌必然源于优秀的产品"的信念。其中，优质的产品是我们品牌的坚实支柱。只有保持稳定的高品质，我们的高端定位才能得到实现，我们的定价权才能得到保证，我们的产业链才可能获得超出行业水平的收益。这将形成一个良性循环，使我们远离低价竞争的泥沼。

我们的荔枝是产地直供的，采用高科技分选技术，全新包装设计，现代化分选方式，引入先进的红外分选技术，从糖度、果径、果重、果色、瑕疵5大维度，"人工和机器"双重严选，层层把控，多维挑选，只为为你呈现最好的荔枝。

我们的种植团队匠心耕种，规范种植技术，同时也注重因地制宜，适应本地环境。我们自产生态肥料，以保证荔枝的品质和口感。我们的荔枝成长在充满阳光的南方，糖分充分积累，每一颗荔枝都散发着浓郁的甜味。基地新鲜采摘，每年的5月，我们的荔枝应季上市。

这就是东坡阳光荔的承诺，为您带来的不仅仅是一颗荔枝，更是我们对品质和美好生活的热爱和追求。让我们一起享受夏日的阳光和甜蜜吧!

7

第七章

结构化商业计划书写作：快速商业建模

答案终止想象，提问驱动思考。

商业计划书是每个创业者和投资人不可或缺的重要工具，它能够帮助创业者对商业模式进行深度挖掘，发现可能存在的问题，同时也是向投资人展示项目价值和发展潜力的最佳途径。AI 在编写商业计划书的过程中，可以起到推演、分析和验证商业模式的作用，为创业者提供多元的思考角度和灵感启发。红杉资本模板是编写商业计划书的参考标准，虽然实际商业模式可能与初期设想存在差距，但通过反复优化，我们可以不断完善商业计划，提升项目的书可行性和吸引力。

本章我们将重点探讨如何利用 GPT 辅助快速撰写商业计划书。

中国是一个美食丰富的国家，各地的餐饮品牌比比皆是，如云南的云海肴、浙江的外婆家、湖南的费大厨、四川的海底捞火锅等。然而，贵州的餐饮品牌却相对较少，这并不符合贵州作为拥有多民族以及丰富多样的饮食文化的省份该有的表现。尽管贵州酸辣鲜美的黔菜美食在本地很受欢迎，但在全国范围内的连锁餐饮品牌却很少。因此，我们将以贵州黔菜为基础，尝试通过 GPT 撰写一个餐饮连锁品牌的商业计划书。

前期准备工作

草拟项目名

提问

你是一位品牌专家，请为贵州的美食起一个四字的餐饮品牌名称。品牌名要易于传播，并且能够展现贵州美食特色。

回答

黔贵之家：这个名字将贵州的古称"黔"与"贵"组合起来，表示这是贵州的家，寓意这个地方可以提供真正的贵州菜，就像在贵州的家一样。

贵州人家：这个名字直接用了贵州的名字，意味着这是一个贵州人的家，可以提供贵州的特色家常菜，让人感受到贵州的家的味道。

黔山人家：这个名字中的"黔山"代表了贵州的山，"人家"则代表了家，寓意这是一个在贵州山中的家，可以品尝到贵州山区的特色美食。

黔州之家：这个名字中的"黔州"是贵州的别称，"之家"表明了这是一个提供贵州美食的地方，就像在自己的家一样。

选取项目名

请评价一下"黔山人家贵州菜"这一餐饮连锁项目。

回答

"黔山人家贵州菜"这个餐饮连锁项目，从名字可以推断出其主要提供贵州地区的特色菜肴。

"黔山"是贵州的别称，"人家"是家庭的意思。这个名字寓意着这是一个提供贵州本地家庭式美食的餐厅，可以让人品尝到贵州的家常菜，感受贵州的家的气氛。

作为一个餐饮连锁项目，黔山人家贵州菜可能会在不同的城市或地区开设分店，每个分店都提供贵州的地道美食，从而使更多的人可以品尝到贵州菜的特色。

作为连锁餐厅，他们可能会采取标准化的运营方式，确保在不同的分店都可以提供相同的服务和菜品。这样可以保证品牌的一致性，同时也便于品牌的推广和运营。

为项目餐饮分类

提问

请帮"黔山人家贵州菜"做一下菜单规划分类，黔菜系如下：……

贵州特色菜：蕨菜炒肉、凉拌折耳根、阳朗辣子鸡、凯里酸汤鱼、豆米火锅、莲渣闹、素瓜豆、水城烙锅、乌江豆腐鱼、酸辣蕨根粉、泡椒板筋、糟辣脆皮鱼、独山盐酸菜、天麻鸳鸯鸽、小米鲊、黄粑、肉立方。

贵州小吃：丝娃娃、贵阳肠旺面、花溪牛肉粉、遵义羊肉粉、素粉、米皮、米豆腐、贞丰糯米饭、怪噜饭、安顺裹卷、豆花面、遵义鸡蛋糕、毕节臭豆腐、雷家豆腐园子、恋爱豆腐果、毕节汤圆、洋芋粑、蕨粑、包谷粑、糕粑稀饭、状元蹄、冰浆、玫瑰冰粉、湄潭蛋裹辉煌。

商业计划书辅助写作

下面正式进入写作环节。我们先让 GPT 学习范例，了解到红杉资本偏好的商业计划书风格是用最少的文字传达最多的信息。接下来，我们让 GPT 尝试撰写"黔山人家"的商业计划书。

公司目标

你是一位品牌定位专家，请帮我用一句话描述黔山人家贵州菜连锁品牌的业务，编写 5 句。

黔山人家，品尝地道的贵州味道。

黔山人家，吃遍贵州，只需踏入一家门。

走进黔山人家，感受贵州美食的魅力与独特。

黔山人家，挖掘贵州美食，分享黔菜文化。

黔山人家，带您领略真正的贵州口感。

下面再为黔山人家贵州菜编写 5 句创意广告语。

你是一位品牌定位专家，请帮我编写 5 句广告语。贵州黔菜
如下：……

1. 黔菜世界，一口尝遍贵州山水。

2. 带你领略黔菜魅力，一口挚爱，一生回味。

3. 黔菜文化，用味道讲述贵州的故事。

4. 踏进黔菜的世界，品味未知的辣与醇。

5. 在黔菜中找寻贵州的魂，以味道感知其风情。

核心痛点

分析客户需求，解决痛点问题，辨别真需求和伪需求，确定核心方向。

> **提问**
>
> 你是一位需求专家，贵州餐饮品牌较少，请帮黔山人家贵州菜分析客户的痛点，并回答目前客户是如何应对这些问题的。
>
> **回答**
>
> 品质不一：……
>
> 美食体验不足：……
>
> 菜品选择有限：……
>
> 服务质量不高：……
>
> 价格感知：……

GPT 给出了 5 个核心痛点：品质、体验、菜品、服务、价格。菜品的口感和稳定的品质是第一位，丰富的菜品，物美价廉，优质的服务直接关系到客户的黏性和忠诚度。

解决方案

分析出痛点后，下一步就是围绕这 5 个需求，设计综合解决方案。

提问

你是一位解决方案专家，请根据上面 5 个核心需求，设计一个解决方案，要求如下：

阐述公司的产品／服务的价值定位如何解决客户的难题。

说明公司的产品／服务具体在何处实现。

提供一些产品／服务的具体例子。

回答

品质不一：……比如，我们的标志性菜品"凯里酸汤鱼"在各个分店中的口味都是一致的。

美食体验不足：……

菜品选择有限：……

服务质量不高：……

价格感知：我们会设计不同价位的套餐，以满足不同消费水平的顾客。……

市场时机

创业或做生意的市场时机是一个重要的因素，太早，市场接受度低，太晚，同质化产品多，竞争压力大。

你是一位市场专家，请针对黔山人家贵州菜连锁品牌分析合适的市场时机，要求如下：

- 回顾公司产品／服务在所应用领域中的历史演变历程。

- 说明近期的趋势有哪些。

回答

历史演变：餐饮行业历来是一个动态变化的行业。从最初的家庭式餐饮，到小吃摊贩，再到各种规模的餐厅，再到现在的快餐连锁、特色餐厅等多元化形态，餐饮行业经历了不断的发展和创新。

近期趋势：个性化和文化体验：顾客对餐饮服务的需求已经从单一的口味需求转向了个性化和文化体验需求。他们更倾向于尝试有特色、有文化底蕴的菜品。黔山人家贵州菜连锁项目可以满足这一需求，提供具有贵州地方特色的菜品和文化体验。

健康饮食：随着居民生活水平的提高，人们对健康饮食的关注度也在提升。采用高质量原料和健康烹饪方法的餐饮服务将更受欢迎。贵州菜具有独特的口味和丰富的营养价值，可以满足这一市场需求。

数字化和在线服务：餐饮业的数字化和在线服务变得更加重要。

无论是在线点餐，还是外卖服务，都已成为餐饮行业的重要组成部分。黔山人家可以利用这一趋势，提供在线预订、外卖等服务，以吸引更多的顾客。

市场规模

市场决定规模，分析好市场是第一步。

提问

你是一位市场专家，请针对黔山人家贵州菜连锁品牌分析市场规模，要求如下：……

回答

目标客户：黔山人家贵州菜连锁品牌的目标客户主要为追求独特风味，注重餐饮体验，同时关注食物健康的消费者。

市场规模估计：……

竞争格局

分析市场上有哪些同类产品，领先产品有哪些？

提问

你是一位行业咨询专家，请针对黔山人家贵州菜连锁品牌分析竞争格局，要求如下：

1. 列出现有的和潜在的竞争对手。

2. 分析各自的竞争优势。

回答

现有竞争对手：

　　地方特色餐厅：……

　　全国性的餐饮连锁品牌：……

潜在竞争对手：

　　新兴的餐饮品牌：……

　　在线外卖平台：……

　　竞争优势分析：地方特色餐厅：……

　　全国性的餐饮连锁品牌：……

　　新兴的餐饮品牌：……

　　在线外卖平台：……

产品服务

从 5 个点来设计产品和服务，体现贵州菜的特色：特色口味、产品口感以及知识产权。

你是一位产品和服务专家，请针对黔山人家贵州菜连锁**品牌**分析产品／服务，要求如下：

1. 产品／服务描述：从外形、功能、性能、结构、知识**产权**等方面进行描述。

2. 产品／服务的开发计划。

……

商业模式

商业模式是最重要的一个环节，产品、服务及解决方案都是依据商业架构而定的。

你是一位商业模式专家，擅长设计商业模式，请针对黔山人家贵州菜连锁品牌设计商业模式，要求如下：……

收入模式：黔山人家贵州菜连锁品牌的主要收入来源有以下几个方面：

餐厅就餐：……

外卖服务：……

包厢预订：……

定价：我们的定价策略是根据菜品的种类，烹饪难度，使用的食材等因素来确定的。同时，我们也会参考同城市内类似餐饮业的平均价格来确保我们的价格具有竞争力。

从每个客户处可获得的平均收入或其终身价值：……

销售和渠道：……

现有客户和正在开发的客户清单：现有客户主要为本地居民和游客。随着连锁店的扩张，我们希望能开发更多的客户群体，包括商务人士、学生和对贵州美食感兴趣的食客等。我们将通过举办美食节，推出特色菜品等方式来吸引和保留这些客户。

团队描述

团队是大多数投资者关注的核心，人才是企业的核心，优秀的人才能吸引更多优秀的人才，可以大大提高创业成功率。

提问

你是一位股权架构专家和组织架构专家，请帮我设计组织架构。

团队描述：A 为资深技术专家，B 为资深业务专家，C 为产品运营，D 为市场专家，职位如下：……

回答

创始人和核心管理层：

创始人 /CEO：B，作为资深业务专家，B 对业务的理解和把握能够帮助公司在市场中找准定位，制定出合适的战略方向。

CTO（首席技术官）：A，作为资深技术专家，A 负责公司的技术研发和产品创新。

COO（首席运营官）：C，作为产品运营，C 负责公司的日常运营和产品的运营策略。

CMO（首席市场官）：D，作为市场专家，D 负责公司的市场策略和品牌推广。

董事会成员和顾问委员会成员：……

财务资料

团队成功的因素可能有千万条，但是失败的因素大多只有一条：没钱。财务方面的决定因素众多，包括股权架构、融资计划，等等。

提问

你是一位财务专家 CFO，公司启动资金 XXXX 万元，请帮我设计财务资料。要求如下：利润表、资产负债表、现金流量表、股本结构、融资计划……

回答

……

提问

请详细分配 XXXX 万元启动资金，设计股权架构并保持绝对控股。

回答

……

提问

你是一位资深投资人，请帮我设计详细的融资计划。

回答

……

　　采用 GPT 辅助编写商业计划书，对于初级创业者，甚至资深创业者，都有很大的好处。采用经典模板要素，能够有效提高商业计划书写作的质量。结合 GPT 高效写作构思的能力，可以快速构思新的商业模式，同时还可以针对各个要素进行多次优化，直到获得满意的文字稿，最后生成路演 PPT。